宁夏哈巴湖国家级自然保护区
生物多样性监测手册
（动物图册）

余　殿　尤万学　何兴东　主编

南开大学出版社
天　津

图书在版编目(CIP)数据

宁夏哈巴湖国家级自然保护区生物多样性监测手册. 动物图册 / 余殿, 尤万学, 何兴东主编. —天津：南开大学出版社，2016.5
ISBN 978-7-310-05083-3

Ⅰ. ①宁… Ⅱ. ①余… ②尤… ③何… Ⅲ. ①自然保护区-动物-生物多样性-生物资源保护-宁夏-手册 Ⅳ. ①S759.992.43-62②Q16-62

中国版本图书馆 CIP 数据核字(2016)第 070331 号

南开大学出版社出版发行
出版人:孙克强
地址:天津市南开区卫津路 94 号 邮政编码:300071
营销部电话:(022)23508339 23500755
营销部传真:(022)23508542 邮购部电话:(022)23502200
*
唐山新苑印务有限公司印刷
全国各地新华书店经销
*
2016 年 5 月第 1 版 2016 年 5 月第 1 次印刷
260×185 毫米 16 开本 9.25 印张 161 千字
定价:72.00 元

如遇图书印装质量问题,请与本社营销部联系调换,电话:(022)23507125

《宁夏哈巴湖国家级自然保护区生物多样性监测手册（动物图册）》

编辑委员会

主　任：王学增

副主任：尤万学　李天鹏　张维军　何兴东

委　员：冯　玲　崔亚东　王自新　杨金生　张生英　冯起勇
　　　　许昌礼　张　晨　余　殿　沈学礼　常海军　王锦林
　　　　黄执东　王耀鹏　马炯辉　王耀远　蔡　莉

编写人员：
　　　　余　殿　尤万学　何兴东　梁玉婷　蔡　莉　王建峰
　　　　张　辽

本书出版得到了全球环境基金（GEF）的资助，谨此致以衷心感谢！

前　言

中国是世界上物种多样性最为丰富的国家之一。据估计,中国的脊椎动物有 5250 多种,其中陆栖脊椎动物种数为 2300 多种,占世界的 10%,包括 500 多种兽类(世界约 4200 种)、1240 多种鸟类(世界约 9000 种)、412 种爬行类(世界约 6300 种)和 295 种两栖类(世界约 4000 种)。中国还有 2800 多种鱼类(世界约 21400 种),其中淡水鱼类有 691 种(世界约 8400 多种)。中国的无脊椎动物种类估计在 100 万种以上。

中国还是亚洲生物古代进化和分化的中心，很多地区在更新世没有遭到冰川的覆盖而保留了大量特有的物种，其中包括很多在世界其他地区早已灭绝的始于第三纪以前的孑遗物种。据统计，仅分布在中国的特有兽类就有 73 种，占中国兽类种数的 14.6%;特有鸟类有 99 种,占鸟类种数的 8.0%;特有爬行动物有 26 种,占爬行动物种数的 6.3%;特有的两栖动物有 30 种,占两栖动物种数的 10.2%;特有鱼类有 440 种,占鱼类种数的 15.7%。被誉为“活化石”的大熊猫,历史上在中国分布很广。全世界有 15 种鹤类,中国就有 9 种。全世界的雉鸡科鸟类有 276 种,中国就有 56 种,其中有 19 种为中国所特有,因此中国被称作“雉类王国”。

哈巴湖国家级自然保护区内有鱼类 10 种、两栖爬行类 8 种、鸟类 119 种、哺乳类 31 种。我们编写了这本监测手册,旨在促进哈巴湖国家级自然保护区生物多样性保护和监测工作的开展。

目　录

动物识别与监测

宁夏哈巴湖国家级自然保护区动物图鉴

动物识别与监测

1　野生动物分类

动物分类和植物分类一样，也是遵循界、门、纲、目、科、属、种这 7 个级别。下图为梅花鹿分类示例。

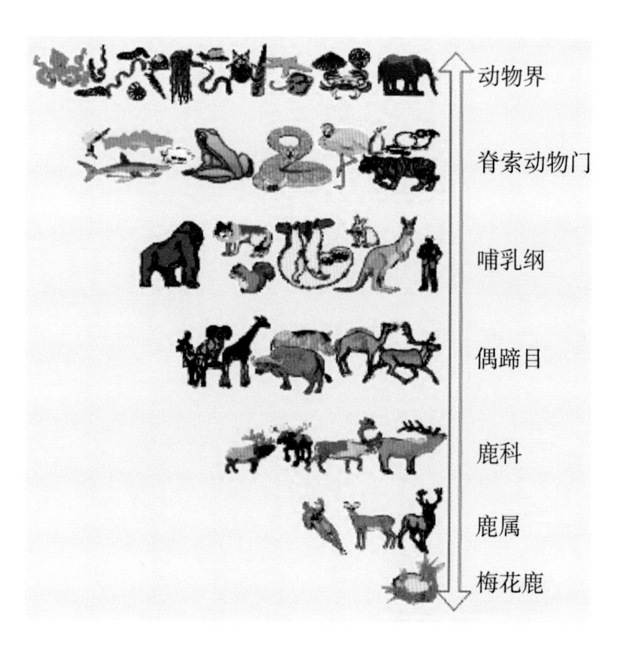

野生动物分为两大类（两个门），两个门之下又各包含几个纲，如下图所示。

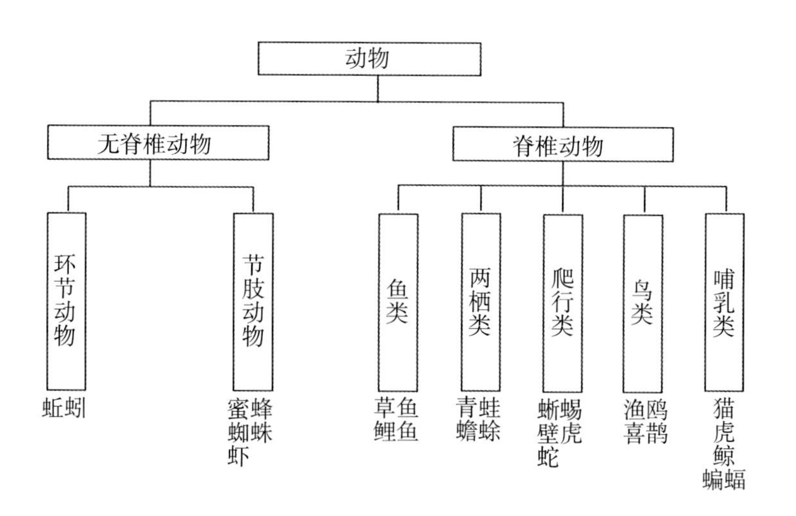

每个纲下面又分别包含若干个目。对于动物，分类级别一般从“目”级开始。下面将简述各纲动物所包含的“目”。

哺乳动物（哺乳纲）种类繁多，分布广泛，主要按外型、头骨、牙齿、附肢和生育方式等来划分，习惯上分三个亚纲：原兽亚纲（包括下面的1~3）、后兽亚纲（包括下面的4~9）和真兽亚纲（包括下面的10~28），现存为28个目4000多种。

哺乳动物各目分类如下：1.单孔目；2.鼩负鼠目；3.智鲁负鼠目；4.袋鼬目；5.袋貂目；6.袋狸目；7.有袋目；8.袋鼹目；9.袋鼠目；10.贫齿目；11.食虫目；12.树鼩目；13.皮翼目；14.翼手目；15.灵长目；16.食肉目；17.鲸目；18.海牛目；19.长鼻目；20.奇蹄目；21.蹄兔目；22.管齿目；23.偶蹄目；24.鳞甲目；25.啮齿目；26.兔形目；27.象鼩目；28.鳍脚目。

鸟类（鸟纲）分古鸟亚纲和今鸟亚纲两个亚纲，现存的鸟纲都可以划入今鸟亚纲的三个总目：古颚总目、楔翼总目和今颚总目。鸟纲是陆生脊椎动物中出现最晚、数量最多的一纲。鸟纲现存接近或超过9000种，比哺乳动物种类几乎要多一倍。

鸟类各目分类如下：（一）古颚总目，1.鸵鸟目；2.美洲鸵鸟目；3.鹤鸵目；4.无翼鸟目；5.共鸟形目。（二）楔翼总目（企鹅总目），6.企鹅目；（三）今颚总目，7.潜鸟目，仅含潜鸟科，共1属5种，中国有3种；8.䴙䴘目，仅有䴙䴘科，共约20种，中国有1属5种；9.鹱形目又叫管鼻类，有3科；10.鹈形目，有6科，中国有5科；11.鹳形目，有7科，中国有3~4科；12.雁形目，有2个科，中国有1科；13.隼形目，有4~5科，中国有2~3科；14.鸡形目，有6科，中国有2科；15.鹤形目，有12科，中国有4科；16.鸻形目，有16~17科，中国有9~10科；17.鸽形目，有3科，现存2科，中国都有；18.鹦形目，只有鹦鹉科1科，有82属332种；19.鹃形目，有3科，中国有1科；20.鸮形目，有2科，我国都有分布；21.夜鹰目，有5科，中国有2科；22.雨燕目，共有3科，中国有2科；23.鼠鸟目，有1科，鼠鸟也是今颚总目中唯一不产于中国的一目；24.咬鹃目，只有咬鹃科1科，咬鹃有9属35种，中国有1属3种；25.佛法僧目，有9科，中国有5科；26.䴕形目，有6科，中国有2科；27.雀形目，雀形目通常进一步划分成4个亚目，即阔嘴鸟亚目，霸鹟亚目，琴鸟亚目和燕雀亚目，共有64科，中国有34科。

爬行纲可分为四个亚纲：无孔亚纲、双孔亚纲、上孔亚纲和下孔亚纲。后两者都是古生物、已灭绝，而现代爬行类均为无孔亚纲（如陆龟、鳖）和双孔亚纲动物。亚纲分类中的“孔”指的是“颞孔”。

爬行类各目分类如下：（一）无孔亚纲，1.龟鳖目，包含海龟与陆龟，接近300种；（二）双孔亚纲，2.鳄目，包含鳄鱼、长吻鳄、短吻鳄以及凯门鳄等23种；3.喙头蜥目，包含新西兰的喙头蜥，共2个种；4.有鳞目，包含蜥蜴、蛇以及蚓蜥，接近7900种。

两栖类共有 3 个目,全世界有约 4200 种,我国有将近 280 种。

两栖类各目分类如下:1.无足目,这是原始的一类,又是营钻穴生活的特化类型,体呈蠕虫状,无四肢,主要产于亚洲热带地区;2.有尾目,这是更适合于水中生活的较低等的一目,多数种类终生生活在水中,一部分种类变态后,离开水到潮湿的陆地上生活,体长形,有四肢或仅有前肢,尾终生存在,幼体用鳃呼吸,成体用肺呼吸,也有一些种类终生有鳃而缺少肺,大鲵、蝾螈都属于本目;3.无尾目,这是现代两栖类中较为高等、种类最多、分布最广的一目,成体无尾,有发达的四肢,后肢强大,适于跳跃或游泳,通常营水陆两栖生活,但生殖时必须回到水中,我国常见的种类有黑斑蛙、金线蛙、林蛙、雨蛙、树蛙、蟾蜍等。

两栖类的绝大多数是有益动物,它们在消灭害虫方面起着重要的作用。蛙类的食物中包括危害作物严重的蝼蛄、天牛、蚱蜢、稻螟等,也包括传播病原体的蚊、蝇、白蛉等。它们大多是夜间出来觅食,正好可以消除白天活动的鸟类所不能消除的昆虫。

鱼类各目分类如下:(一)板鳃亚纲,Ⅰ鲨形总目,1.六鳃鲨目;2.真鲨目;3.角鲨目;Ⅱ鲷形总目,4.鳐形目;5.鲼形目;6.电鳐目。(二)全头亚纲。(三)辐鳍亚纲,7.鲟形目;8.鲱形目;9.鲑形目;10.鳗鲡目;11.鲇形目;12.颌针鱼目;13.鳕形目;14.棘鱼目;15.鲻形目;16.合鳃目;17.鲈形目;18.鲽形目;19.鲀形目;20.鮟鱇目。

2 中国鸟类环志管理办法

第一章　总　则

第一条　为了提高鸟类资源管理水平，规范鸟类环志活动，促进鸟类资源保护事业的发展，根据国家有关规定制定本办法。

第二条　凡在中华人民共和国境内从事鸟类环志活动，必须遵守本办法。

鸟类环志是指将国际通行的印有特殊标记的金属或其他材料制作的环佩带在鸟的腿部，然后将鸟放飞，通过再次捕获或野外观察获得鸟类生物学或生态学信息的方法。

采用腿旗、芯片植入、无线电跟踪和卫星跟踪等方法进行鸟类标记的，也适用本办法。

第三条　凡是鸟类越冬、繁殖或迁徙中途停歇地点都应当开展鸟类环志工作。

国家支持科研机构、大专院校等单位结合科研项目及教学实践开展鸟类环志工作；鼓励业余鸟类爱好者参与鸟类环志工作。

第四条　国家林业局主管全国鸟类环志管理和监督工作，省、自治区、直辖市野生动物行政主管部门主管本行政区域内的鸟类环志管理和监督工作。

全国鸟类环志中心是全国鸟类环志工作的具体业务执行机构，负责组织和指导全国鸟类环志活动。

地方鸟类环志站是地方鸟类环志工作的业务执行机构，具体负责本行政区内的鸟类环志活动。

第二章　鸟类环志机构的职责

第五条　鸟类环志机构的基本职责

（一）贯彻落实《野生动物保护法》等有关法律、法规和保护野生动物资源的各项政策；

（二）组织开展鸟类环志活动、掌握鸟类资源动态，为野生动物行政主管部门宏观决策提供科学依据；

（三）配合开展野生动物资源调查和监测等工作；

（四）承担野生动物行政主管部门委托的其他调查或研究等项工作。

第六条　全国鸟类环志中心的职责

（一）负责制定全国鸟类环志规划，负责全国鸟类环志活动的组织、协调和技术指导，开展国际合作与信息交流；

（二）监制和统一发放鸟环，组织、管理彩色腿旗的使用；收集、汇总和管理全国鸟类环志信息；

（三）负责制定全国鸟类环志培训计划，组织培训鸟类环志人员。

第七条　地方鸟类环志站的职责

（一）负责制定并组织落实本区域的年度鸟类环志计划；

（二）及时总结和报告鸟类环志记录及回收信息；

（三）宣传普及鸟类环志知识。

第三章　鸟类环志机构的建设

第八条　省、自治区、直辖市野生动物行政主管部门应当在自然保护区、重要湿地以及鸟类集中的繁殖地、越冬地和迁徙停歇地设立鸟类环志站，逐步形成全国鸟类环志网络。

第九条　设立鸟类环志站应向县级以上林业行政主管部门提出申请，经省、自治区、直辖市林业行政主管部门审核，报国家林业局批准。

第十条　鸟类环志站为公益性事业单位，实行挂牌管理，名称统一使用“全国鸟类环志中心+地名+环志站”。其人员编制由当地林业主管部门在现有的编制内调剂解决。

第十一条　国家鼓励、支持多渠道筹集资金开展鸟类环志工作。各级林业行政主管部门每年应当安排一定数额的鸟类环志专项经费。

第四章　鸟类环志活动的管理

第十二条　国家实行“鸟类环志资格证”制度。从事鸟类环志活动的人员必须持有全国鸟类环志中心颁发的鸟类环志资格证，在鸟类环志机构统一组织下开展鸟类环志。

鸟类环志资格证由全国鸟类环志中心统一印制。

第十三条　外国人到中国从事与鸟类环志有关的活动由全国鸟类环志中心统一安排。

第十四条　开展鸟类环志必须使用全国鸟类环志中心监制的鸟环或认证的其他标记。严禁使用其他任何形式的鸟环或标记物。

第十五条　开展鸟类环志必须严格执行有关的技术规定，严禁采用对鸟类有直接伤害的方法捕捉鸟类。

第十六条　开展鸟类环志活动时捕捉鸟类不收野生动物资源保护管理费。

第五章　鸟类环志资料的管理

第十七条　全国鸟类环志中心负责管理全国鸟类环志信息，保存鸟类环志资格证档案、鸟环发放记录、环志记录、回收报告等与鸟类环志有关的各类资料。

第十八条　全国鸟类环志中心负责接收并处理国内、国际环志回收报告，并定期公告。

第十九条　环志及环志回收资料为国家基本资料，参加环志的团体和个人有权使用与其环志工作有关的环志资料。

第二十条　国家机关、宣传机构、科研单位和个人可以使用、查询一般性环志和回收信息。鼓励科研人员分析和利用环志资料，经环志者本人同意后可公开发表。

第二十一条　野生动物行政管理机构使用环志资料不受上述条件限制。

第六章　奖励与处罚

第二十二条　对在鸟类环志工作中成绩显著的，由野生动物行政主管部门给予奖励。

第二十三条　对在鸟类环志工作中违反本管理办法的团体和个人给予警告，情节严重者由全国鸟类环志中心注销鸟类环志资格证，违法者由司法机关处理。

第七章　附　则

第二十四条　本办法由国家林业局负责解释。

第二十五条　本办法自发布之日起施行。

3 鸟类识别

普通鸟类结构如下图。

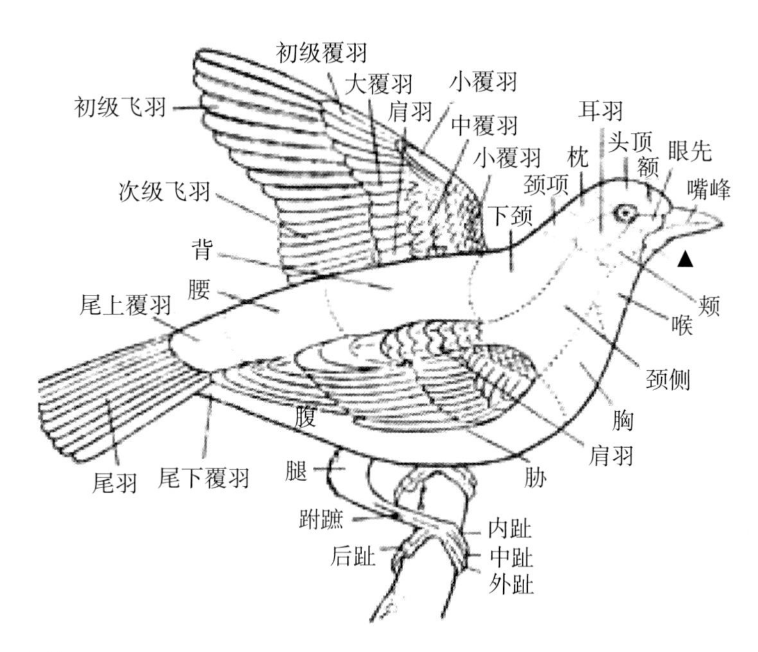

鸭形鸟身体结构如下图。

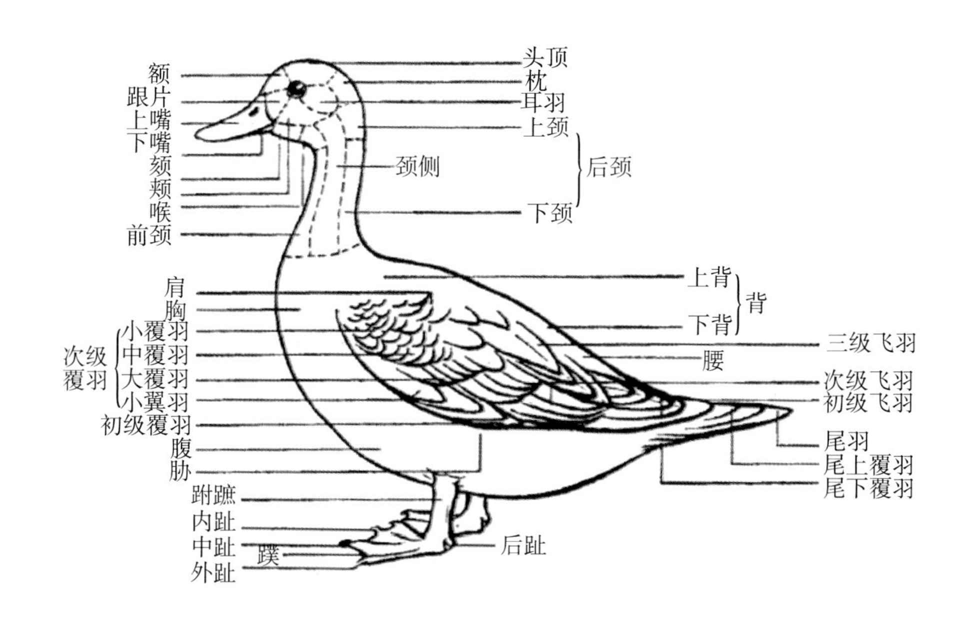

(1)鸟类的形态识别特征

鸟类形态特征包括很多方面,如体形、喙形、趾形、翼形、尾形、羽色等,在野外识别鸟类要迅速抓住容易观察的特征。

①体型大小和形态

体型大小是野外观察识别鸟类需要首先抓住的特征。用常见的人们熟悉的鸟类大小作为参考标准,记住它们的长度,以此作为与所观察鸟类比较大小的参照,得出所观察鸟类的大概长度,这种方法比在头脑里用一把想象中的尺子估计鸟的长度更为有效。

像柳莺大小的鸟有:树莺、太阳鸟、绣眼鸟、戴菊、鹪鹩等;

与麻雀相似的有:鹀、鹨、文鸟、山雀、燕雀、金翅等;

像鸽子大小的鸟有:岩鸽、斑鸠、黄鹂、杜鹃、鸫等;

像喜鹊的鸟有:灰喜鹊、红嘴蓝鹊、乌鸦、松鸦等;

与野鸭相似的鸟有:䴙䴘、雁、天鹅等;

与鹭相似的鸟有:研、鸻、鹬、鹳、鹤等;

像鹰的鸟有:隼、雀鹰、鸢、鹞、鵟、鹫等。

除了体型大小之外,鸟类身体的形态也是识别鸟类的重要依据。如鹡鸰、山椒鸟的身体纤细修长,白骨顶、紫水鸡体形短钝圆胖,翠鸟、八色鸫的身体短粗。

②喙的形态

喙的形态是很好的识别特征。鸟类的食性不同,喙的形态也不同,通过将喙的形态与功能结合起来,可以更好地记忆各种鸟喙的形态。

长而直:鹳、鹤、鹭、沙锥、啄木鸟、翠鸟、白鹭。

长而向下弯曲:戴胜、杓鹬、鹮、钩嘴鹛、太阳鸟。

呈锥形:锡嘴雀、蜡嘴雀、灰雀、朱雀、金翅雀。

扁而阔:夜鹰、雨燕、家燕类。

锐利带钩:鹰、隼、雕、鸮、伯劳、棕背伯劳。

③后肢的形态

后肢的形态十分重要,但在野外观察时往往受到限制。

后肢较长的鸟类:鹭、鹤、苇鳽、鸻、鹬等。它们的喙和颈也很长,特征明确。

后肢较短的鸟类:啄木鸟、鹦鹉、夜鹰、杜鹃、雨燕等一些攀禽。

④趾的形态

趾的形态也是重要的识别特征。例如,鹳与鹭外形相似,但前者后趾高,不能着地,也不能栖树，后者后趾强大，与前趾位于同一水平，适应于栖树握枝。

⑤翼的形态

不同鸟类的翼形态各异。如燕子、雨燕的翼尖长，八哥、鸫的翼短圆，雕、鹫的翼宽长阔大。当鸟类在空中慢飞或翱翔时，容易观察其翼形。对于一些难以接近的鸟，靠翼形的特征可以进行初步分类。

鹰和隼在翼形上有着明显的区别，鹰的翼多是圆形，隼的翼是尖长的，在高空飞翔是一目了然。

家燕和雨燕的翼均为尖形，但家燕的翼具明显的翼角，雨燕的翼角不明显，翼长呈粗镰刀状。

⑥尾的形态

尾的形态和长短也是辨认鸟类的重要标志。有些种类的尾型具有明显特征，以至仅靠一枚尾羽就可分辨到种：长尾雉、白鹇、白腹锦鸡、红腹锦鸡、马鸡、红嘴蓝鹊、寿带。有些鸟的尾极不发达，也是辨认工具。如：鹧鸪、鹌鹑、鸊鷉、丽鸫、三趾鹑。

尾型可以分为平尾、圆尾、凸尾、尖尾、凹尾、叉尾等诸多类型，对野外鉴别有重要意义。如鸥和燕鸥在尾型上有明显差别。前者为平形尾，后者为叉形尾；黑卷尾和发冠卷尾体色和体型上都十分相似，两者的尾均呈叉状，但黑卷尾的外侧羽尾只向外侧卷曲，而发冠卷尾的外侧羽尾不仅是向外侧弯曲，而且向背方弯曲。

⑦颜色

在观察鸟羽颜色的时候，首先要注意鸟体的主要颜色，即全身以什么颜色为主，然后尽量快速准确地注意头、颈、尾、翅、胸、腹、腰等部位的颜色，并注意抓住一两点最突出的特征。对于头顶、眉纹、贯眼纹、眼周、翅斑、腰羽、尾端等处的羽色要特别注意。

全为黑色的鸟：鸬鹚、噪鹃、乌鸦、黑卷尾、发冠卷尾、小隼等。

几乎全为白的鸟：天鹅、白鹭、白琵鹭、朱鹮、白马鸡等。

黑白两色相嵌的鸟：白鹳、黑鹳、黑冠鹃隼、凤头潜鸭、白翅浮鸥、白鹇、大斑啄木鸟、鹊鹞、喜鹊、寒鸦、八哥、家燕、鹊鸲、黑短脚鹎、白鹡鸰等。

以灰色为主的鸟：灰鹤、杜鹃、岩鸽、原鸽、大杜鹃、中杜鹃、四声杜鹃、普通鳾等。

灰白两色相嵌的鸟：白头鹤、白枕鹤、苍鹭、夜鹭、银鸥、红嘴鸥、白胸苦恶鸟、燕鸥、白额燕鸥、灰山椒鸟等。

以蓝色为主的鸟：蓝马鸡、蓝翡翠、普通翠鸟、和平鸟、蓝翅八色鸫、红嘴蓝鹊、蓝歌鸲、蓝矶鸫、铜蓝鹟、大仙鹟、蓝鹀等。

以绿色为主的鸟：绯胸鹦鹉、栗头蜂虎、绿啄木鸟、大拟啄木鸟、红嘴相思鸟、绣眼、柳莺等。

以红色或锈红色为主的鸟：红腹锦鸡、朱背啄花鸟、黄腰太阳鸟、朱雀（雄）、北朱雀（雄）、红交嘴雀（雄）、粟色黄鹂、红隼、棕背伯劳、普通夜鹰等。

以黄色为主的鸟：黄斑苇鳽、大麻鳽、黄鹂、黄鹡鸰、黄雀等。

除了鸟体的主要颜色之外，某些部位明显的色块和斑纹对鸟类识别也很有用。

胸、腹部：红胸啄木鸟的胸部有红色斑纹，黄腹啄木鸟腹部则有大的黄斑。

翼斑、翼带：八哥、灰树鹊有白色翼斑，柳莺翼带的条数往往是鉴别种类的重要参数。

腰部：小白腰雨燕的腰为白色，金腰燕的腰部为栗红色。

尾部：红尾鸲和一些鹟科鸟类的识别往往要看尾羽的色彩和斑纹。

足趾：中白鹭和白鹭在体型大小和羽色上都极为相似，其区别在于白鹭的趾杂有黄色，而中白鹭的趾全为黑色。

⑧头部特征

注意鸟的头顶、额、颊、喉是什么颜色，有无冠纹、眼纹、颊纹，有无颈环等。

（2）鸟类的行为识别特征

①觅食

不同种类的鸟因喙型、食性的不同而有不同的觅食行为。野鸭常在水面浮游，用扁平具梳齿的喙从水中滤取食物。绣眼鸟、太阳鸟和一些小型的画眉科鸟类常倒悬身体吸吮花蜜。环颈鸻、金眶鸻等鸻科鸟类喜欢在江、河、湖、海边的沙滩活动，常迅速奔跑、急停啄食。红脚鹬、瓣蹼鹬等鹬科鸟类在浅水淤泥中不停地旋转身体，让水流形成小漩涡，从中觅食。翠鸟静静地停在溪流水潭或水塘边树干上，看见小鱼浮出水面，急速俯冲到水面用嘴把鱼叼走。鹟和卷尾在停息点观察过往昆虫，发现食物，飞入空中捕捉后又回到停息点。红隼常在空中定点鼓翼，然后俯冲捕捉猎物。

②摆尾

鸟走动或停息时，尾羽也有不同的动作。鹡鸰走动时常常上下摇动尾羽。矶鹬刚停下会剧烈摆动尾羽。伯劳停息时尾会抽动或划圆圈。红尾水鸲、白顶溪鸲的尾会展开并上下急剧摆动。扇尾鹟在树干上活动时，尾巴会像扇子一样反复打开合拢。

③停息

鸟停息的地点和姿势也可作为认鸟的线索。观察鸟停息时要注意其身体的角度，是直立、水平，还是倾斜；停息的地点是树梢、地面，还是某些物体的顶端。蓝矶鸫停息时常挺直身体站立。星鸦、山椒鸟经常出现在树冠或树梢的顶部。岩鹨常出现在地面或岩石上。伯劳、部分鹟和一些鹟喜欢在突出物如树桩上停息。鹊鸲常在树上或房屋顶上昂首翘尾。

④行走

鸟的行走方式有步行、跳跃,或兼而有之。鸠、鸽类皆双脚交互落地行走。麻雀和许多生活在灌木丛中的鹛类只会双脚跳跃前进。八哥、乌鸦步行、跳跃都有。啄木鸟能在树干上攀附向上跳行,但却不能头向下沿树干下行。䴓不仅可沿树干向上行进,而且也能头朝下向下行进。旋木雀常沿树干作螺旋形向上攀爬行进。

⑤飞行

鸟类飞行的方式多种多样。红隼飞行时鼓翼多而翱翔少,在空中常会定点鼓翼悬停。褐河乌、翠鸟紧贴水面作直线飞行。白鹡鸰、灰鹡鸰、黄鹡鸰、啄木鸟飞行路线起伏呈波浪状。鹟、卷尾从停息地点跃起捕食后返回原地,飞行路径呈不规则的曲线。小云雀能够垂直升起、降落。鸢起飞、降落都会盘旋飞行。鹪鹩和鹛类通常仅做短距离的飞行。沙雉受惊飞起时拍翅很急,边飞边鸣。野鸭飞行时急速拍翅,常发出哨音。鹭科鸟类拍翅缓慢,飞行时颈部呈"S"形。雁鸭、鹳及鹤飞行时颈部笔直前伸。雕、鹫翼形宽阔,能长时间不扇动翅膀在空中滑翔。毛脚鵟飞行时常有迎风收缩翼角的动作。雁鸭类和鹤类飞行时常编成"一"字或"人"字形队伍。鸻和鹬结群飞行时爬高、俯冲、转弯动作整齐一致。

⑥鸣叫

鸟类的集群、报警、个体间识别、占据领域、求偶炫耀、交配等行为都和鸣叫有关。许多行为的完成都伴有特定的叫声,多种鸟的鸣叫存在着特异性,可以作为野外识别的依据。对于鸟类的叫声要注意音频的高低,鸣叫的节律、音色等特点。

单调粗历的鸣叫声:大嘴乌鸦为"啊——";小嘴乌鸦为"哇——";绿头鸭为"嘎—嘎—嘎—";绿啄木鸟为"哈——哈——";环颈雉为"咯——咯——";鹭、鹤、雁的叙鸣声都不悦耳。

嘹亮重复音节的鸣叫声:普通夜鹰的"哒、哒、哒—";普通翠鸟的"嘀、嘀、嘀—";白鹡鸰的"叽呤、叽呤—";白胸苦恶鸟的"苦恶、苦恶—";大杜鹃的 "布谷、布谷—";大山雀的"仔仔嘿——";冕柳莺的"驾驾吉——";红角鸮的"王刚,王刚哥—";四声杜鹃的"割麦割谷"等,这些都是非常容易辨别的典型叫声。

尖细颤抖的鸣叫声:小鹀鹛为"嘟、噜、噜、噜——";太平鸟、燕雀、金翅等小型鸟类边飞边鸣,发出似摩擦金属或昆虫振翅,既颤抖又尖细的声音。

婉转多变的鸣叫声:绝大多数雀形目鸟类的鸣叫韵律丰富,悠扬悦耳,各具特色,如百灵、云雀、画眉、红嘴相思鸟、红点颏、乌鸫、八哥、白头鹎等,黄鹂还能发出似猫叫声音。

(3)不同类群鸟的观察技巧

①游禽

在水域里活动觅食,善于游泳或潜水的鸟类。

不同类群的游禽外部轮廓明显不同。鸥类中的部分种类野外识别困难,需要仔细区分大小,认真观察翼斑的形态、嘴斑的颜色。大多数野鸭和雁类白天漂浮在开阔的深水区睡觉休息,而清晨和黄昏到近岸浅水区觅食,所以观察野鸭和雁类宜选择清晨和黄昏,在岸边找好隐蔽物,定点观察。观察游禽最好选择那些既有深水区,又有浅水区,水草丰茂,食物丰富,水质清洁,沿岸多湾汊,有小片芦苇丛,岸上有树木、灌丛,能为观鸟者提供隐蔽的水域。

②涉禽

在浅水沼泽地带涉水觅食的鸟类称为涉禽。

鹭鸟是最常见的涉禽,通常体型较大,活动觅食的地方多在开阔的浅水沼泽区。鹭鸟夏羽和冬羽不同,一些种类繁殖期会长出形态特殊的羽毛,称为饰羽或婚羽,还会改变羽色。鹭鸟中有一类鸟叫鳽,与鹭不同,全在水草丛生的地方活动,行踪隐蔽,羽色与生活环境相似。有些还会拟态,休息时颈和嘴朝上伸得笔直,将自己模拟成芦苇枝,不易发现。观看这类鸟时要仔细搜索水草丛中的每一个地方。常见的有栗苇鳽、黄斑苇鳽和大麻鳽。

各种鹳、鹮和鹤都属于大型涉禽,喜欢在开阔的沼泽湿地、河岸沙滩和海湾、鱼塘等处活动。

秧鸡科的鸟个体小,活动隐蔽,常活动于水草丛生的浅水沼泽,沟渠、溪流、池塘边的草丛、稻田。秧鸡类的鸟尾短翅圆,善于行走,走路时头部一伸一缩急速摆动,尾也有类似的摆动,飞行时双脚摇晃,受惊时就近钻入草丛逃循。不管成鸟颜色如何,幼鸟全黑色。秧鸡科中的黑水鸡和白骨顶是两种比较奇怪的鸟,它们既能在浅水中跋涉,又能在水中游泳。

鸻形目鸟类中的鸻和鹬种类繁多,形态变化大。喜欢在江河、海湾岸边活动,又叫做岸鸟。观察时要注意用已知的熟悉种类来判定大小,特别留意嘴的形状、颜色,脚的长度、颜色,羽毛上的特征标记,觅食行为等。当鸟飞行时要格外留意翼和尾的图案。一般而言,鸻体型小,嘴短而直且尖,腿也相对较短。常在沙滩上快速奔跑,突然急停。鹬的嘴稍长,嘴形变化多,有长直而尖的,有向下弯曲的,也有端部膨大呈勺状的。腿较鸻的长,觅食时常用双脚搅动水,然后用嘴捕食。观察识别鸻、鹬的最好地点是沿海的沙滩、海湾、湖滨鱼塘或者江河沿岸地带，时间以春天、秋天它们北迁南返时为最佳。

③猛禽

猫头鹰是鸮形目鸟类的俗称，属于夜行猛禽。多在夜晚活动，可根据叫声判断种类。如：雕鸮的叫声是低沉的“嗡嗡、嗡嗡”，领角鸮的叫声是“呕、呕”，鹰鸮的叫声是“呼呜、呼呜”。观察猫头鹰最好的时间是黄昏和天黑后，一般先根据叫声确定位置，然后用强光手电或强力观察灯搜索，猫头鹰的眼睛在灯光的照射下有很强的反光，容易发现；找到猫头鹰后，让灯光照着它，抓紧时间观察辨认；一旦观察辨认清楚，马上移开灯光或将灯光关闭，避免长时间用强光照射它。观察猫头鹰时注意不能在同一区域多人轮流使用强光照射，以免影响它们的正常繁殖和觅食活动。

昼行猛禽主要指白天活动的隼形目猛禽，包括鹫、雕、鹰、鹞、鸢、鹗、隼等不同类群。它们的种群数量本身比较稀少，而且常常飞得很高，因而在野外搜寻它们需要一定的技巧。

掌握猛禽活动的时间：大多数猛禽在天气晴朗的上午 9 点到下午 4 点之间最为活跃，常在空中盘旋飞翔。

观察要点：在视野良好的山顶或悬崖观察。注意观察山脊上方的天空。注意白云下的黑点。仔细搜寻大树的枯枝。认真观察粗树枝上突出的黑影。

很多猛禽都是雌鸟大雄鸟小，羽色斑纹差异明显，容易被误认为两个不同种，而且幼鸟、亚成鸟和成鸟的羽色、斑纹也常有明显差异，有些种类的羽色甚至还有深色型、淡色型和普通型的差异，因此辨认很困难。但观察时注意以下几点，一些常见的猛禽易于辨认：

注意大小。可以用一些常见鸟的大小来与所见猛禽大小对比。例如红隼、松雀鹰、黑翅鸢的大小与鸽子相似，凤头鹰、苍鹰、普通鵟的大小与乌鸦差不多。

比较翼形和尾形。翼窄长、尾长者为鹗；翼宽短、尾长者为鹰或鹞；翼窄长、末端尖、尾长者为隼。胡兀鹫的尾呈楔形。黑鸢尾略凹入，呈浅叉状。

认真观察羽色特征。先观察猛禽主体羽色，再看条纹或横斑的形状、数目及粗细，别注意观察喉纹、颏纹、眼纹、翼斑，有无羽冠等。栗鸢体色以栗红色为主，普通鵟的翼下有明显的白色块斑和黑斑。黑翅鸢通体以青灰色为主，两翼角处有大块黑斑。

注意行为特点。蛇雕常常边飞边叫，凤头鹰飞行时会将翅下压抖动。兀鹫长时间在高空中滑翔，黑鸢常在空中盘旋，红隼会在空中振翅悬停，大鵟飞行时常收缩翼角。

观察时先要辨出体形轮廓，例如翼的长短、宽窄、尾羽的长短及形状，是呈叉形还是扇形，就可以先分出雕、鹗、鹫、鹰、隼等类群；然后再分辨羽色，如翼、尾羽等腹面斑块或斑纹形状、数目，同时再辅以飞翔特征。若能听到叫声再以叫声作识别参考。

④陆禽

主要介绍鸡形目鸟类的观察。观察要点:

善于仔细观察搜索。鸡类活动时常会在地上留下明显的痕迹,称“鸡道”,在合适的时间隐蔽守候在鸡道或土浴坑附近,有可能看到前来活动的鸡类。

注意倾听分析林中的声响和动静。鸡类在树林中行走和寻觅食物时,会发出声响,应正确辨别声响是由鸡类发出的还是其他动物发出的。

学会在林中毫无声息地行进。在满地都是枯枝落叶的林中行走,脚掌贴着地面往前滑行,就不会发出“喀嚓、喀嚓”的声响。接近正在觅食的鸡类时,要乘它用脚下抓刨落叶发出响声时迈步。

学会估计鸡类的活动路线,提前赶到适合观察的位置。

抓住观察时机。清晨和傍晚是鸡类比较活跃的时段;春天繁殖期间,很多鸡形目鸟类的雄鸟会占据一块地盘并不停鸣叫,根据叫声的位置安静缓慢地接近,也有机会看到它们。

⑤鸣禽

鹛类是画眉科鸟类的统称,是鸣禽中喜欢蹿跳、善于藏匿的一类鸟,掌握了观察鹛类的技巧,看其他鸣禽就比较轻松。

多数鹛类在森林下层的灌丛、草丛中活动,精于在在树丛间跳跃,地面奔走动作灵巧快速;尽管平时颇为吵闹,但察觉有人接近时就立刻鸦雀无声。因此,观察鹛类不仅要眼明手快,还要注意确定鸟所在的位置,控制好与鸟的距离。

鹛类喜欢结群活动,一只鸟从某处蹿跳而过,通常其余的鸟也会尾随,如果观察时第一、二只鸟没有看清楚,不要急于用望远镜毫无目的四处搜寻,较好的办法是盯住刚才鸟活动窜跳的地点,常常还会有其他个体沿前面的鸟的运动路线移动。

小型鹛类和其他一些森林小鸟,容易被独特的声音吸引,如果将嘴唇贴在手背,然后用力吸气发出“吱、吱、吱”的声音,或者用嘴直接发出“啤、啤、啤”的声音,常能够招引胆大好奇的小鸟。

(4)鸟类分类的术语

鸟体的外部形态,可分部加以说明。

鸭形鸟类外部形态

①头部(head)

可分为上面、侧面及下面:

A. 上面

a. 额或前头(forehead) 头的最前部,与上嘴基部相接。

b. 头顶(crown or vertex) 前头稍后,为头的正中部。

c. 后头(hind head)或称枕部(nape) 头顶之后,上颈为头的最后部。

d. 中央冠纹,即顶纹(medium coronary stripe)纹白 在头部的正中处,自前向后的纵纹。

e. 侧冠纹(lateral coronary stripes) 在头顶两侧的纵纹。

f. 羽冠(crest) 头顶上特别延长或耸起的羽毛,形成冠状。

g. 枕冠(occipital crest) 后头上特别延长或耸起的羽毛。

h. 肉冠(comb) 头上的裸皮突出部。

i. 额板(frontal plate) 位于前头的裸出角质板。

j. 上嘴通常具鼻孔,鼻孔可分为二型:

鼻孔透开(nostril pervious)。

鼻孔闭合(nostril impervious)。

B. 侧面

a. 眼先(lore) 位于嘴角之后,及眼之前。

b. 围眼 [部](circum-orbital region) 眼的周围,或裸露,或被羽。

c. 眼圈(orbital ring or eye ring) 眼的周缘,形呈圈状。

d. 颊(cheek)位于眼的下方,喉的上方,下嘴基部的上后方。

e. 耳羽(ear coverts or auri-culars) 为耳孔上的羽毛,在眼的后方。

f. 眉斑或眉纹(supercilium or superciliary stripe,eyebrow) 在眼的上部的斑纹,短的称眉斑,长的称眉纹。

g. 穿眼纹或贯眼纹(transocular stripe) 自下嘴基部,或自前头,或自眼先起,贯眼而至眼后的纵纹。

h. 颊纹(cheek stripe),亦称颧纹(malar stripe) 自前而后,贯颊的纵纹。

i. 颚纹(maxillary stripe) 从下嘴基部,向后延伸,介于颊与喉之间。

j. 面盘(facial dise) 两眼向前,其周围的羽毛排列成人面状,是称面盘。

C. 下面

a. 颏(chin) 位于下嘴基部的后下方,及喉的前方。

b. 颏纹(mental stripe) 贯于颏部中央的纵纹。

c. 肉垂(wattle or lappet) 头部下方向下垂着的裸皮部。

②颈部(neck)

A. 上面

颈的背面,称为后颈(hind neck),再分为上颈与下颈。

a. 上颈(upper hind neck),即颈项或简称项(nape)　后颈的前部,与后头相接。

b. 下颈(lower hind neck)　后颈的后部,与背部相接。

c. 颈冠或项冠(nuchal crest)　着生于项部的长羽,形成冠状。

d. 皱领(ruff)　着生于颈部的长羽,形成围领状。

e. 披肩(cape)　着生于后颈的长羽,形成披肩状,故名披肩。

B. 侧面

颈部的两侧,称颈侧(sides of neck)。

C. 下面

a. 喉(throat)　更可分为颐(gula)即上喉(upper throat)与下喉(lower throat or jugulum)。颐的前部常位于头部的下面。

b. 前颈(fore neck)　在颈长的种类,位于喉的下方,颈部的前面。

c. 喉囊(gular pouch)　为喉部可伸缩的囊状结构。

③躯干

躯干为鸟体中最大之部。

A. 上面

a. 背（back）　位于下颈之后，腰部之前。背部更可分为上背（upper back）与下背(lower back);前者与下颈相接,后者与腰部相接。

b. 肩(scapular region)　位于背的两侧,及两翅的基部。此部羽毛常特延长,而称为肩羽(scapulars)。

c. 肩间部(interscapular region)　位于两肩之间。

d. 翕或背肩部(mantle)　包括上背、肩及两翅的内侧覆羽等。

e. 腰(rump)　为躯干上面的最后一部,其前为下背,其后为尾上覆羽。

B. 侧面

a. 胸侧(sides of breast)　位于胸部的两侧。

b. 胁(flanks)或体侧(sides of body)　位于腰的两侧,而近于下面。

c. 腹侧(sides of abdomen)　位于腹的两侧,胁的下方。

C. 下面

a. 胸(breast) 为躯干下面最前的一部，前接前颈(或喉部)后接腹部。更可分为前胸(chest)或上胸(upper breast)，及下胸(lower breast)。

b. 腹(abdomen) 前接胸部，后则止于肛孔(vent)。

c. 肛周或围肛羽(crissum) 为肛孔周围的羽毛。

④嘴

嘴的分部与检查鉴定有关的，计有下列各项：

a. 上嘴(upper mandible) 为嘴的上部，其基部与额相接。

b. 下嘴(lower mandible) 为嘴的下部，其基部与颏相接。

c. 嘴角(rictus or angle of mouth) 为上下嘴基部相接的地方。

上、下嘴张开时的距离，可称为嘴裂(gape)。

d. 会合线(commissure) 从嘴角以至嘴端的线。

e. 嘴峰(culmen) 上嘴的顶脊。

f. 嘴底(gonys) 下嘴的底。

g. 嘴端(tip of bill) 嘴的最先端。

h. 啮缘(tomia) 嘴的边缘。

i. 喙肿，隆端(dertrum) 嘴端的肿起部。

j. 嘴甲(nail) 嘴端甲状的附属物。

k. 蜡膜(cere) 上嘴基部的膜状覆盖构造。

l. 鼻孔(nostril) 鼻的开孔，位于上嘴基部的两侧。

m. 鼻沟(nasal fossa) 上嘴两侧的纵沟，鼻孔位于其中。

n. 鼻管(nasal tube) 上嘴基部的管状突，鼻孔开口于管的先端。

o. 嘴须(rictal bristles) 着生于嘴角的上方。

p. 副须(supplementary bristles) 依其着生处的不同，更可分为：

鼻须(nasal bristles) 着生于额基而悬置于鼻孔上。

颏须(chin bristles) 着生于颏部。

羽须(feathered bristle) 着生于眼先或他处的羽毛而变为须状的。

⑤翅或称翼(wing)

A. 飞羽(remiges or flight feathers)

飞羽是构成翼的主要部分，更有初级、次级及三级之别：

a. 初级飞羽(primaries) 此一列飞羽最长，计有 9~10 枚，均附着于掌指和指骨。其在翼的外侧者称外侧初级飞羽(outer primaries);内侧者称内侧初级飞羽(inner primaries)。

b. 次级飞羽(secondaries) 位于初级飞羽之次,且亦较短,均附着于尺骨。依其位置的先后,亦有外侧和内侧的区别。

c. 三级飞羽(tertiaries) 飞羽中最后的一列,亦着生于尺骨上,实即为最内侧次级飞羽(innermost secondaries),但其羽色和羽形常与其余的次级飞羽有所不同有些鸟类,其着生于肱骨的羽毛,有的很发达,不似覆羽,而成飞羽状,也可统称为三级飞羽。

B. 覆羽(wing coverts)

覆羽是掩覆于飞羽的基部,翅的表里两面均有;在表面的称为[翅]上覆羽(upper wing coverts)在里面的称为[翅]下覆羽(under wing coverts)上下覆羽依其排列的位置,更可分别为下列各种。

a. 初级覆羽(primary coverts) 位于初级飞羽的基部。

b. 次级覆羽 (secondary coverts) 覆于次级飞羽的基部;依其排列的先后羽片的大小,再分为以下三种:

次级大覆羽(greater secondary coverts)或简称大覆羽(greater coverts) 位于初级覆羽的内方,及中覆羽的后方。

次级中覆羽(medium secondary coverts)或称中覆羽(medium coverts) 介于大覆羽与小覆羽之间。

次级小覆羽(lesser secondary coverts),即小覆羽(lesser coverts) 位于中覆羽的上方,为翼的最前部,常排成鳞状。

C. 小翼羽(alula or bastard wing)

小翼羽位于初级覆羽之上,小覆羽之下,中覆羽的外侧,其形小而硬,附着于第二指骨上。

D. 翼角(bend of wing)

翼角是翼的腕关节。

E. 翼缘(edge of wing)

翼缘是翼的边缘。

F. 翼镜(speculum)

翼镜是翼上特别明显的块状斑。

G. 翼端(tip of wing)

翼端为翼的先端。依其形状的不同,更可分别为三种:

a. 尖翼(pointed wing) 最外侧飞羽(退化飞羽存在时,不予计入)最长,其内侧数枚飞羽逐渐短缩,因成尖形翼端。

b. 方翼(square wing) 最外侧飞羽(退化飞羽不计入)与其内侧数羽几相等长,而成方形翼端。

c. 圆翼(rounded wing) 最外侧飞羽较其内侧的为短,因而形成圆形翼端。

H. 腋羽(axillaries)

腋羽位于翼基下方的羽毛。

⑥尾(tail)

A. 尾部覆羽(tail coverts)

尾部覆羽覆于尾羽的基部。

a. 尾上覆羽(upper tail coverts) 位于上体腰部的后面。

b. 尾下覆羽(under tail coverts) 位于下体肛孔的后面。

B. 尾羽(rectrices or tail feathers)

a. 中央尾羽(central rectrices) 为居中的一对。

b. 外侧尾羽(lateral rectrices) 位于中央尾羽的外侧的;其位于最外侧的,称最外侧尾羽(outer most rectrices)。

C. 尾的形状

可分为下列几种:

a. 中央尾羽与外侧尾羽长短相等,称平尾(even tail)或角尾(square tail)。

b. 中央尾羽较外侧尾羽为长;依他们长短的相差程度,而有下列 4 个尾形的分别:

圆尾(rounded tail)长短相差不显著。

凸尾(graduated tail)长短相差较大。

楔尾(wedge-shaped tail or cuneate tail)长短相差更大。

尖尾(pointed tail)长短相差极大

D. 中央尾羽

中央尾羽反较外侧尾羽为短,亦可依它们长短相差的程度,区别如下:

a. 凹尾(emarginated tail) 长短相差甚少。

b. 燕尾或称叉尾(furcate tail) 长短相差较显著。

c. 铗尾(forficated tail) 长短相差极为显著。

⑦脚(foot)

A. 股或大腿(thigh)

股为脚的最上部,与躯干相接通常被羽。

B. 胫或称小腿(shank)

胫在股的下面,跗蹠的上面,或被羽,或裸出。

C. 跗蹠(tarsus)

跗蹠在胫的下面,趾的上面,为一般小鸟脚部最显著的部分。跗蹠或被羽,或附生鳞片。跗蹠后缘常具两个整片纵鳞;其前缘的具鳞情况,可分为下列各种:

a. 具盾鳞(scutellated) 呈横鳞状。

b. 具网鳞(reticulated) 呈网眼状。

c. 具靴鳞(booted) 呈整片状。

D. 距(spur)

距是跗蹠后缘着生的角状突。

E. 趾(toe)

通常四趾,即:外趾(outer toe)、中趾(middle toe)、内趾(inner toe),及后趾(hind toe)或称大趾(hallux)等。依其排列的不同,可分为下列各种:

a. 不等趾足(anisodactylous foot)或称常态足 四趾中,三趾向前,一趾(即大趾)向后。

b. 对趾足(zygodactylous foot) 第 2~3 趾向前,第 1,4 趾向后。

c. 异趾足(heterodactylous foot) 第 3~4 趾向前,第 1~2 趾向后。

d. 半对趾足(semi-zygodactylous foot) 与不等趾足同,但第 4 趾可扭转向后。

e. 并趾足(syndactylous foot) 前趾的排列如常态足但向前三趾的基部互相并著

f. 前趾足(pamprodactylous foot) 四趾均向前方

g. 离趾足(eleuthrodactylous foot) 三趾向前,一趾向后;后趾最强,前趾各相游离,如一般鸣禽。

h. 索趾足(desmodactylous foot) 三前一后;后趾甚弱,前趾多少相并着,如阔嘴鸟。

F. 蹼(web)

具蹼的足更可分别为下列各种:

a. 蹼足(palmate foot;webbed foot) 前趾间具有极发达的蹼相连着。

b. 凹蹼足(incised palmate foot) 与蹼足相似,但蹼膜中部往往凹入,发达不很完全

c. 半蹼足(semipalmate foot) 蹼的大部退化,仅于趾间的基部留存

d. 全蹼足(totipalmate foot) 前趾及后趾,其间均有蹼相连着。

e. 瓣蹼足(lobed foot) 趾的两侧附有叶状膜

G. 爪(claw)

爪着生于趾的末端。有些鸟类的中爪(即中趾的爪)还具有栉缘,如鹭,夜鹰等。

⑧羽毛(feather)

依羽毛构造的不同,可别为三种。

A. 正羽(penna or pluma)

正羽每一枚正羽由下列各部所成:

a. 羽轴(scape or shaft) 为羽的主干,再分为:

羽根,翮(calamus) 为羽毛插入于皮肤之部。

羽干(rhachis or shaft proper) 为羽毛突出于皮肤之外的羽轴。

b. 羽片(vane or web) 着生于羽干的两侧;在内侧的称内(inner web)外侧的称外(outer web)。羽片外侧的边缘,称外缘内侧的称缘。羽片由羽枝(barb)所成;羽枝再分为羽小枝(barbule),而后的更具有羽纤枝(barbicel)或细钩(hooklet),以与相邻羽枝的近侧一列的羽小枝相衔接着。

c. 副羽(hyporhachis or aftershaft) 自基处丛生的散羽。

d. 下脐(lower umbilicus) 羽根末端插入于皮肤中的开孔。

e. 上脐(upper umbilicus) 基的小孔;在成长的羽毛,形似一小突起。

B. 绒羽或翮(plumule or down feather)

短而无羽干羽支由翮直接分出,丛生成束。

C. 纤羽(filoplume or pin feather)

羽轴相当延长,而呈毛发状;羽枝和羽小枝均数寡而形小,甚至完全付缺。

关于羽毛的其他术语,列于下:

a. 廓羽(contour feather) 着生于翅膀与尾上,为特别发达而强大的正羽,一般指飞羽和尾羽。

b. 粉冉(powder down) 其羽枝的末端柔滑,稍经触动,即碎成粉状,如生在鹭类的大腿上的绒羽。

c. 斑纹(查图谱) 其呈点状的称点斑(spot),呈鱼鳞状的称鳞斑(squamate),直行的称条纹(stripe)横走的称横斑(bar),面积大而无定形的称块斑(patch),形细而呈虫蠹状的称蠹状斑(vermiculation),形特长阔的称带斑(band),羽干与羽片异色而形成纵纹的称羽干纹(shaft streak)。

d. 羽域(pteryla) 鸟体着羽的部分。羽域间的部分或完全裸出,或仅散生绒羽,是称裸域（apterium）。

D. 羽域

羽域可分为如下：

a. 背羽域（pteryla spinalis）

b. 臂羽域（pteryla humeralis）

c. 股羽域（pteryla femoralis）

d. 腹羽域（pteryla ventralis）

e. 翼羽域（pteryla alaris）

f. 头羽域（pteryla capitalis）

g. 尾羽域（pteryla caudalis）

h. 胫羽域（pteryla cruralis）

E. 羽衣（plumage）和换羽（molt）

a. 雏冉（natal down）

b. 稚羽（juvenal plumage）

c. 冬羽（ winter plumage）

d. 夏羽（ summer plumage）

e. 繁殖羽（ nuptial plumage）

f. 雏期后换羽（ postnatal molt）

g. 稚期后换羽（post-juvenal molt）

h. 春期换羽（spring molt）

i. 秋期换羽（ fall molt）

j. 繁殖前换羽（ pre-nuptial molt）

k. 繁殖后换羽（ post-nuptial molt）

（5）鸟体的量度

鸟体的量度，通常是在鉴定上所征引的，计有下列各项：

A. 体长

自嘴端以至尾端（此项量度应就采得的标本未经剥制前，加以测定）。

B. 嘴峰长

自嘴基生羽处至上嘴先端的直线距离。

C. 翼长

自翼角(即腕关节)乃至最长飞羽的先端的直线距离。

D. 尾长

自尾羽基部以至最长尾羽的尖端的直线距离。

E. 跗蹠长

自胫骨与跗蹠关节后面的中点,至跗蹠与中趾关节前面最下方的整片鳞的下缘。

除上面列出的外,还有翼展度及嘴裂,趾,爪等的长度,视需要亦应加以测定。

鸟的种是分类学的基本单位。一种鸟必须具有以下三方面特征:(1)形态学特征,即同一物种必须具有相对稳定的、一致的形态学特征,以便与其他物种相区别;(2)地理学特征,即物种在自然界中具有特定的分布区,通常以种群的形式在该区域内完成生长、发育、繁衍后代等各种生命活动;(3)遗传学特征,指每个物种都具有特定的遗传基因组成,相同的物种不同个体之间能够互配繁殖并产生有繁殖力的后代,而不同种的个体之间存在着生殖隔离。

4　野生动物生物多样性监测

4.1　监测方法

1.监测准备

开展监测前,应首先明确监测目标和监测对象,制定监测计划,准备监测器具,开展人员培训。

(1)监测目标

监测目标可为掌握监测区域内物种种类、种群数量、分布格局和变化动态;分析人类活动和环境变化对物种的影响;或评估物种保护措施和政策的有效性,并提出适应性管理措施。

(2)监测对象

根据监测目标,确定监测对象。一般应从具有不同生态需求和生活史的类群中选择监测对象。在考虑物种多样性监测的同时,还应重点考虑:①受威胁物种、保护物种和特有种;②具有社会或经济效益的物种;③对生态系统结构和过程维持有重要作用的物种;④对环境变化反应敏感的指标性物种。

(3)监测计划

在制定监测计划时,应收集监测区域自然和社会经济状况的资料,了解监测对象的生态学及种群特征,必要时可开展一次预调查。监测计划应包括:监测内容、要素和指标,监测时间和频次,样本量和取样方法,监测方法,数据分析和报告,质量控制和安全管理等。

(4)监测仪器设备

准备生物物种监测所需的仪器和设备,检查并调试相关仪器设备,确保设备完好,对长期放置的仪器进行精度校正。

(5)人员培训

做好监测方法和野外操作规范的培训工作, 确保监测人员能够熟练掌握各种仪器以及野外操作规范。同时做好安全培训,强调野外采样中应注意的事项,杜绝危险事件发生,加强安全意识。

2.监测样地(段面)设置

根据监测目标和监测区域,采用简单随机抽样,监测样地数目不小于 10 个。

对于湖泊、水库等开阔水域,按照水体底质、水生植物组成、水深、水流、湖库形状、水质等因素划分成若干小区,使同一小区内变异程度尽可能小。在每个小区内,设置若干有代表性的样点。样点的数量可根据小区湖体面积、形态和生境特征、工作条件、监测目的、经费情况确定。

根据河流形态、河床底质、水位、水流、水质等因素,将河流划分成若干断面,使同一断面上的变异程度尽可能小。在同一断面上每隔一定的距离设置一个样点。采样点的间距和数目可以根据河流的宽度、生境特点、同一断面上样点之间的变异程度以及取样费用等确定。

样地(断面)条件应易于监测工作展开,离后勤补给点不宜太远,避开、排除与监测目的无关因素的干扰。采用 GPS 仪和其他方法对监测样地(断面)定位,并在地形图上标明监测样地(断面)的位置。

3.样方法

样方法是一种常用的监测方法,适用于陆生哺乳动物、两栖爬行动物、淡水底栖大型无脊椎动物、土壤动物的监测。对于不同生物类群,样方的大小、数量及采样要求均有所不同。

(1)陆生哺乳动物

当统计动物实体时,样方面积一般在 500 m× 500 m 左右;当利用动物活动痕迹(如粪便、卧迹、足迹链、尿迹等)进行统计时,样方面积应不小于 50 m× 50 m。小型陆生哺乳动物监测可以设置 100 m× 100 m 样方。每个生境类型至少有 3~4 个样方。样方法可运用于有蹄类如麝类、马鹿、狍、梅花鹿、水鹿、驼鹿、黑尾鹿、野猪和小型陆生哺乳动物等的监测。

(2)两栖爬行动物

人工覆盖物法实际上样方法。在两栖爬行动物栖息地按照一定大小、一定密度的方式布设人工隐蔽物,吸引动物在白天匿居于其中,以检查匿居动物的种类和数量。该法适用于草地、湿地、灌丛、滩涂、弃耕地等自然隐蔽物较少的生境。每个监测样地设置 3~5 个样方,每个样方内设置 5 个× 5 个覆盖物。每个覆盖物采用瓦片或木片,尺寸 30 cm × 20 cm 或以上,间距 5 m。可在放置掩蔽物的地方,下挖 5 cm,形成足够的隐蔽空间,坑底铺放一些草叶,形成一个适宜的隐蔽环境。每天早晨 8:00~10:00 时查看 1 次,记录覆盖物下的两栖爬行动物。对于分布较远的覆盖物样方，可以隔天检查。每次连续 6~10 天。该法如配合标记重捕法使用效果更佳。

（3）淡水底栖大型无脊椎动物

该类群的监测方法也是样方法，选定的采样点实际上是样方。淡水水体主要分为湖泊水库和河流两大类。对于湖泊、水库底栖大型无脊椎动物，使用彼得生采泥器采集泥样，每个采样点累计采样面积约 1/8~1/3 m^2，采样厚度一般为 10~15 cm。对于河流底栖大型无脊椎动物，在河心区采用彼得生采泥器或带网夹泥器进行采集，每个采样点累计采样面积约 0.5~1 m^2。在小于 0.5 m 水深的河岸区样点，可使用 D 形拖网进行采集，每个采样点累计采样面积约为 0.5~1 m^2 。在河岸浅水区或河流边缘的湿地采集时也可结合定量框法进行采集，将定量框（50 cm × 50 cm 或 25 cm × 25 cm）置于水底底质上，并在四角进行固定，取出定量框内的底质和底栖生物，一般采集深度为 20~30 cm，同时顺水流方向在定量框后置一手网，以防挖取框中底质时底栖动物漂走；每个样点的采样面积累计约 0.25~1 m^2。

（4）土壤动物

一般样地数量不小于 10 个，单个样地面积不小于 400 m^2。在样地中心设置 1 个样方，面积为 20 m × 20 m。对中型土壤动物，在样方中设 25 个 20 cm × 20 cm 均匀分布的样点；对大型土壤动物，在样方中设 9 个 30 cm × 30 cm 均匀分布的样点。针对中型土壤动物和大型土壤动物的监测需要，本标准规定了植物凋落物、土柱及土壤动物的采集方法。

4.样线法

样线是指观测者在监测样地内选定的一条监测路线。观测者记录沿该路线一侧或两侧一定空间范围内出现的物种。样线法一般用于哺乳动物、鸟类、两栖爬行动物、蝴蝶等的监测。对于不同动物类群，样线法的具体要求也不同。

（1）哺乳动物

样线法是大范围区域内估计中、大型野生哺乳动物种群数量的有效方法之一，曾广泛应用于鹿类、野兔、猫科动物等哺乳动物的种群数量监测。样线应覆盖样地内所有生境类型，每种生境类型至少有 2 条样线。每条样线长度可在 1~5 km 左右，在草原、荒漠等开阔地监测大中型哺乳动物时，样线长度可在 5 km 以上。在晴朗、风力不大的天气条件下，沿样线步行、驱车或骑马匀速前进。步行速度一般为 2~3 km/h；在草原、荒漠等开阔地，观测人员可乘坐越野吉普车，速度 30~45 km/h，也可以 6 km/h 的速度骑马前进。针对至样线的垂直距离的不同，样线法分为可变距离样线法和固定宽度样线法两类。在可变距离样线法中，记录观测人员前方及两侧所见实体或活动痕迹的数量及至样线的垂直距离。

固定宽度样线法与可变距离样线法的区别在于前者宽度固定，监测时只记录样线一定宽度内的个体数，不需测量哺乳动物与样线的距离，但必须通过预调查确定合适的样线宽度，保证样线内的所有个体都被发现。样线宽度的确定应考虑哺乳动物活动范围、景观类型、透视度和交通工具等因素。在森林中一般为 5~50 m，在草原和荒漠中为 500~1000 m。固定宽度样线法可用于原麝、鹿等有蹄类动物以及猫科动物的监测。

（2）鸟类

观测者沿着固定的线路活动，并记录样线两侧所见到的鸟类。根据生境类型和地形设置样线。各样线互不重叠，每种类型的生境应有 2~3 条监测样线，每条样线长度一般在 1 km 及以上。调查时行进速度通常为 1.5~3 km/h。根据对样线两侧观察记录范围的限定，样线法又分为固定宽度和可变宽度两类。样点法是样线法的一种变形，即观测者行走速度为零的样线法。以固定距离设置观察样点，样点之间的距离应根据生境类型确定，一般在 100 m 以上。一般需要 30 个以上的样点数才能有效地估计大多数鸟类的密度。根据对样点周围观察记录范围的界定，样点法又分为不限半径、固定半径和可变半径三种方法。

（3）爬行动物

每个监测样地设置至少 5 条样线，每条样线 50~1000 m。在生境较复杂的山区，以短样线（50~100 m）为主。在生境较均一的荒漠、湿地和草原，可采用长样线（1000 m）。监测时以 2 km/h 的速度缓慢前行，记录沿样线左右各 5 m、前方 5 m 范围内见到的爬行动物的种类和数量。

（4）两栖动物

在湿地或草地生态系统，可采用长样线，长度 1000 m 左右；在生境较为复杂的山地生态系统，可设置多条短样线，长度 20~100 m 之间。每个监测样地的样线应在 5 条以上，短样线可适当增加数量。样线的宽度根据视野情况而定，一般为 2~10 m。在水边监测两栖动物可以在水陆交汇处行走。监测时行进速度应保持在 2 km/h，行进期间记录物种和个体数量，不宜拍照和采集。根据两栖动物的活动节律，一般在晚上开展监测。每条样线在不同天开展 3 次重复监测，应保持监测时气候条件相似。

（5）蝴蝶

样线应覆盖样地内所有生境类型，每种生境类型至少有 2 条样线。每条样线长度 0.5~1 km。监测时沿样线缓慢匀速前行，速度 1~1.5 km/h，每条样线历时 45~60 min。记录样线左右 2.5 m、上方 5 m、前方 5 m 范围内见到的所有蝴蝶的种类和数量。不重复计数同一只个体和身后的蝴蝶。在悬崖或水边，可沿样线记录一侧宽度为 5 m 范围内的数据。若蝴蝶数量过大,可登记估计值或使用相机拍摄后计数。

5.标记重捕法

标记重捕法是指在一个边界明确的区域内,捕捉一定数量的动物个体进行标记,然后放回,经过一个适当时期(标记个体与未标记个体充分混合分布)后,再进行重捕并计算其种群数量的方法。标记物和标记方法应不对动物身体产生伤害;标记不可过分醒目;标记应持久,足以维持整个监测时段。标记重捕法适用于小型陆生哺乳动物、两栖爬行动物、鱼类等的监测。这里对标记重捕法中相关动物的特殊要求作一说明。

(1)爬行动物

在每个监测样地内,设置 3~5 个 50 m × 50 m 至 100 m × 100 m 的样方,捕获样方内所有爬行动物后进行标记。对于壁虎和小型蜥蜴类可采用剪指(趾)法标记,对于蛇、龟鳖类和大型蜥蜴可采用注射生物标签的方法进行标记,对龟类还可以在龟壳边缘刻痕或钻孔进行标记,对鳄鱼可在尾部突出的鳞片上固定彩色塑料片进行标记。

(2)两栖动物

标记方法可采用剪趾法和射频识别法。剪趾法:用剪刀在动物个体上剪去一个或两个趾,并采用简单的号码表示不同个体;前肢或后肢只能剪除一个趾;对于雄性个体不能剪去其大拇指。射频识别法:用电子标签对两栖动物进行标识;每个电子标签如米粒大小,有唯一编号;用注射器把电子标签注入动物胯部上方的皮下;监测时用读取器读取标识数字。

(3)鱼类

标记重捕法分五个主要的步骤:确定放流种类、选择标记方法、选择放流对象、存活和脱标实验、标记和放流、回捕和检测。一般采用挂牌标记、线码标记、荧光标记、切鳍标记等方法进行标记。最好选用个体较大、健壮的野生鱼类作为放流对象,并在池塘或者人工圈养的水体内暂养。对于标记的鱼类个体,还需要进行存活和脱标实验。选择一定数量成功标记的个体进行暂养,3 日后逐尾检测标记的存留状况及鱼类的存活和生活状况,根据不同标记部位的留存率和不同标记方法对鱼类生活行为的影响程度,选择标记留存率较大且对鱼类生活影响较小的标记部位。标记鱼的回捕,主要有四种途径:一是发布消息,有偿回收;二是渔获物调查;三是在放流水域周边乡镇的集市上进行访问调查;四是自主采样。

6.总体计数法

总体计数是监测人员通过肉眼或望远镜等监测设备对整个地区的野生动物完全进行计数的方法。总体计数法一般用于哺乳动物和鸟类的监测。对于哺乳动物,总体计数分为两种,一是直接计数法,适用于以草原、灌丛为主要生境类型的大型偶蹄类,或有相对固定活动时间和活动生境的林栖偶蹄类,如梅花鹿、水鹿、驯鹿等;二是航空调查法,适合于草原、疏林或灌木林中大型哺乳动物监测。

对于鸟类,一般采用分区直数法。根据地貌、地形或生境类型对整个监测区域进行分区,逐一统计各个分区中的鸟类种类和数量,得出监测区域内鸟类总种数和个体数量。该方法适用于较小面积的草原或湿地,主要应用于水鸟或其他集群的鸟类。

7.围栏陷阱法

围栏陷阱法由围栏和陷阱两部分组成。围栏可使用动物不能攀越或跳过的、具有一定高度的塑料篷布、塑料板、铁皮等材料搭建,设置成直行或折角状。在围栏底缘的内侧或(和)外侧,沿围栏挖埋一个或多个陷阱捕获器,陷阱捕获器可以是塑料桶或金属罐。该方法一般用于异质性较高生境中两栖爬行动物的监测。

(1)爬行动物

围栏的高度根据爬行动物的习性而定,一般在 30~100 cm 之间。围栏的底部埋入土中至少 20 cm,预防动物在其下打洞爬过。陷阱为埋入地下的小桶,桶边与地面持平,桶底铺撒一薄层枯叶或其他轻软的碎屑覆盖物。

在多雨地区或降雨季节,陷阱底部应有小孔排水,但要注意排水孔直径不能太大,以免动物逃走。在地面坚硬、不能挖土埋桶的地方,陷阱可以使用线网物质制成漏斗管状的捕获器,其主体是一圆筒,一端或两端各有二漏斗,使动物易进不易出。捕捉水生龟鳖类可以使用放置饵料的漏斗捕获器或捕获网。水中捕获器必须有一部分出露水面,以免捕获的龟鳖窒息死亡。每个监测样地至少设置 5 个陷阱,实施 3 次重复监测。该方法一般适用于荒漠等单一生境中蜥蜴类物种。

(2)两栖动物

围栏应有支撑物支持,保持直立,离地面 35~50 cm,埋入土中至少 10 cm。陷阱口沿要与地面平齐,陷阱边缘紧贴围栏。陷阱内可放置一些覆盖物如碎瓦片等,以备落入其中的两栖动物藏身;同时加入少量的水(1~5 cm),或者将海绵浸水后放入陷阱中,既增加了两栖动物的存活率。根据调查区内的物种情况设置陷阱深度。在雨季应防止雨水注满陷阱,发挥不了监测作用。每个样地至少设置 5 个陷阱,每天或隔天巡视检查 1 次,连续 10 天观测。

8.指数估计法 / 间接调查法

指数估计法是对一些与监测对象种群数量有关的指标进行统计,根据这些指标与目标动物种群数量之间的关系估算其种群数量的方法。该方法不是对实体的直接观测,将这些指标转化为动物的实体数量时,换算系数受多种内外因素的影响。该方法虽然模型简单,但相对于直接计数方法,其可靠性偏低。该方法有多种,主要包括痕迹计数法和粪堆计数法。

痕迹计数法指针对一些不容易捕捉或者观测到的哺乳动物,借助于其遗留、易于鉴定的活动痕迹开展计数,推测哺乳动物种群数量的一种方法。该方法的前提假设是动物的痕迹数量与种群大小呈线性关系,或者至少是单调的关系。痕迹计数法的不足是多种相近种类同域分布时,较难区分不同种类的痕迹(北方雪地除外);痕迹产生时间完全依靠个人经验判断;换算系数因生境、食物、季节的不同而变化。

粪堆计数法指通过计数哺乳动物遗留的粪堆数对哺乳动物种群数量进行估测的一种方法。该方法通过粪堆数量与动物种群数量之间的关系推算动物的种群数量,是一种简单易行的监测方法。

9.其他监测方法

(1)红外相机陷阱技术

红外相机陷阱技术是利用红外感应自动照相机,自动记录在其视野范围内活动的动物影像的监测方法。红外感应自动照相机利用恒温动物自身的热量促发感应器,对动物进行拍照。应用红外相机陷阱技术开展野生动物监测,已有四十多年的历史。红外感应自动照相机可较有效地发现和监测稀有或不易观测到或行踪诡秘的野生哺乳动物,可配合无线电跟踪技术进行种群数量监测;结合标记重捕方法估测大型猫科动物和其他隐蔽性较强动物的体型、密度、存活率和迁入情况。

(2)无线电追踪技术

无线电追踪技术是一种利用无线电波的发射和接收来确定野生动物位置并进行追踪的方法。通过无线电追踪定位所监测的野生动物,能够准确地提供野生动物的活动情况。无线电追踪包括无线电遥测与卫星跟踪两大类。无线电遥测是指一种通过遥测佩戴在野生动物身上的发射器发出的无线电波来确定动物位置的技术。一套无线电遥测设备由发射装置、接收机和接收天线三部分组成。无线电遥测技术操作简单,但追踪范围有限,适合于小尺度范围的监测。卫星定位追踪由安装在动物身上的卫星发射器、安装在卫星上的传感器、地面接收站三部分组成。卫星上的传感器在接收到由卫星发射器按照一定间隔发射的卫星信号后,将此信号传送给地面接收站,经计算得出跟踪对象所在地点的经纬度、海拔高度等数据。由于设备成本高,分辨率相对无线电遥测较大,卫星跟踪适合于较大尺度范围的监测。

(3)人工避难所法

该法适用于树栖型蛙类较多的南方森林。把竹筒(或 PVC 桶)捆绑固定在树上,查看竹筒中两栖动物成幼体和卵。在 10 m × 10 m 的样地内挑选树蛙物种常选择的产卵树 25 棵，每棵树捆绑固定 4 个竹筒（或 PVC 桶），2 个竹筒离地面 70 cm，2 个离地面 150 cm，共布设 100 个竹筒（或 PVC 桶）。竹筒长 15~18 cm，内径 3~4 cm，竹筒内加入 5~10 cm 深的水。每 3 天巡视一次，记录两栖动物的种类以及成体、亚成体、幼体和卵的数量。连续进行 3 次。

（4）产漂流性卵鱼类早期资源监测

该方法适用于江河或湖泊的入湖或出湖河流的流动水体。本标准规定了定点定量采集、定性采集和断面采集的方法。对于定点定量采集，将弶网或者圆锥网固定在船舶或者近岸的支点，每日采集 2 次，采集时间为 6:00~7:00 和 18:00~19:00，每次采集约 1 h。采集时间可根据实际情况进行一定的调整。对于定性采集，在鱼卵、仔鱼“发江”时用弶网进行，通常昼夜连续进行，持续 24 h，下网时间间隔 2~4 h，每次采集 15~30 min。

对于断面采集，采集点为左岸近岸、左岸至江中距离的 1/2 处、江中、江中至右岸 1/2 处、右岸近岸，共 5 个点，每个采集点采集表、中、底 3 个样，相应的采集深度分别为该点水深的 0.2、0.5、0.8 倍，每次采集的时间定为 10 min。

（5）声纳探测法

该法适用于鱼类物种资源监测，包括走航式和水平式两种。走航式是运用回声探测仪监测鱼类数量与分布。将声纳探测设备的数字换能器（探头）固定在船体的一侧，探头发射声波面垂直向下，探头放于水面以下一定深度，避免船体波动探头露出水面，同时也减少水面反射的影响。航线的走向以尽量垂直于鱼类密度梯度线为设计原则，力求每条走航路线均可覆盖各种密度类型的鱼类分布区，以保证数据的代表性和资源评估结果的准确性。水平式用于监测鱼类通过某一断面的数量和活动规律。根据监测要求和水域形状，选择断面，探头完全放于水下一定的深度，探头发射声波面与水面平行。换能器进行连续（一般 1 秒一次）脉冲探测和声学数据采集。

（6）非损伤性 DNA 检测法

非损伤性取样法（noninvasive sampling）是在不触及或伤害野生动物本身的情况下，通过收集其脱落的毛发、粪便、尿液、食物残渣（含有口腔脱落细胞）或其他皮肤附属物等样品，进行遗传分析的取样方法。该取样方法降低了样品采集难度，并且对动物无伤害。目前非损伤性 DNA 检测法已在大熊猫、雪豹等动物的保护遗传学、分子生态学、行为生态学等研究中得到广泛应用。本标准规定了非损伤性 DNA 检测方法中采集样品、微量 DNA 提取、PCR 扩增反应和 DNA 多态性分析等内容。非损伤性取样法的主要优点是可以在不伤害野生动物的情况下获取分析所需的 DNA，可用于物种鉴别、个体识别及种群数量和遗传结构分析等方面。

4.2 监测内容和指标

不同生物类群，其监测内容和指标也不同。

（1）陆生哺乳动物

监测内容主要包括种类组成、空间分布、种群动态、受威胁程度、生境状况等。监测指标包括种类组成、区域分布、种群数量、性比、繁殖习性、食性、冬眠与迁徙、植被类型、地质、地貌、海拔、食物丰富度、人为活动情况等。

（2）鸟类

监测内容包括物种组成、鸟类多样性、珍稀濒危鸟类资源状况、栖息地状况、迁徙活动规律等。监测指标包括种类、性比、成幼比例、种群数量、珍稀濒危物种种类与数量及生存状况、主要威胁因素、春季迁徙起始时间、冬季迁徙起始时间、迁徙时期各物种种类和种群数量变化。

（3）爬行动物

监测内容主要包括种类组成、空间分布、种群动态、受威胁程度、生境状况等。监测指标包括种类组成、区域分布、种群数量、性比、繁殖习性、食性、种群遗传结构、生境类型和状况、环境因子、食物丰富度、人为活动情况等。

（4）两栖动物

监测内容包括种类组成、空间分布、种群动态、受威胁程度、生境状况等。监测指标包括种类组成、种群数量、物种的肥满度、疾病状况（壶菌、寄生虫等）、生境的类型和状态、受干扰程度等。

（5）内陆水域鱼类

鱼类早期资源监测内容包括鱼类种类组成、鱼类繁殖时间以及环境条件等。其监测指标包括产卵群体物种组成、产卵规模、产卵习性、产卵场的分布。鱼类物种资源监测内容包括鱼类物种多样性、群落结构、种群结构和环境条件等。鱼类物种资源监测指标包括种类组成和分布，鱼类生物量，不同种类尾数频数分布，食物饱满度、性腺发育等个体生物学特征，年龄组成、性比、体长和体重的频数分布，水体的长、宽、深、底质类型、流（容）量、水位、流速、水温、透明度、pH 值等理化因子。

（6）淡水底栖大型无脊椎动物

监测内容包括底栖大型无脊椎动物的种类及其数量特征、群落特征、水体环境特征等。监测指标包括物种或分类单元的组成,物种丰富度或分类单元丰富度,密度,频度,生物量;生境类型,河流生境指标如水深、流速、水温、透明度、河床底质类型、河道类型(是否渠化,或建设大坝)、污染情况(有无污染源),湖泊生境指标如水源、出口、水深、丰水期面积、水温、透明度、底质类型、水文状况(枯水期、丰水期)、湖岸类型(是否修建堤坝)、污染情况(有无污染源),底床附生植被主要类型,岸生植被主要类型,水生经济动物的放养情况(种类、网箱或围网养殖等)等。

(7)蝴蝶

监测内容主要包括种类组成、种群动态、空间分布、受威胁程度、生境状况等。监测指标包括种类和种群数量、区域分布、性比、物候期、行为状态、植被类型、植物群落名称和面积、土地利用结构、气候、自然干扰和人为干扰因素等。

(8)土壤动物

监测内容包括土壤动物特征和生境类型与状况。监测指标包括种类组成、频度、密度、生物量、功能群、生境类型、土壤、地貌、水文、海拔等。

4.3 监测时间和频次

不同生物类群,其监测时间和频次也不同。

(1)陆生哺乳动物

监测时间根据哺乳动物的习性而定。对于大型哺乳动物主要在地表植被相对稀疏的冬季进行,对于有蹄类等集群性强的类群应在集群前进行。每天的监测时间应根据监测对象的习性确定,一般在监测对象一天的活动高峰期进行,如猫科动物的监测应在早晨或黄昏进行。取样的时间长度视哺乳动物分布密度和范围而定,对于小范围分布、密度比较高的种类,监测时间相对较短;而对于分布密度低的珍稀类群取样时间可以增至2~3倍。监测频次应视哺乳动物的习性和环境变化的速度而定,一般应在秋、冬季各进行1次监测,每次应有2~3个重复,每个重复应间隔7天以上。

(2)鸟类

鸟类具有迁徙的特点,应根据监测目标和监测区域鸟类的繁殖、迁徙及越冬习性确定监测的时间。对于繁殖期鸟类,监测时间通常从繁殖季节开始持续到繁殖季节结束,包括整个繁殖季节,或选择其中的一个时间段进行监测。

在我国通常为3~7月,但不同地区的繁殖时间有很大的差异。对于越冬期鸟类,除越冬种群数量监测要求对整个越冬期进行监测外，监测时间通常在越冬种群数量比较稳定的阶段进行。通常在12月或翌年的1月进行。根据鸟类活动高峰期确定一天中的监测时间。一般在早晨日出后3小时内和傍晚日落前3小时内开展监测。根据监测目标确定鸟类监测的频率，通常有以下几种方式：①每个月进行1次监测；②春夏秋冬各季进行1次监测；③繁殖期和越冬期各进行1次监测；④仅繁殖期或越冬期进行1次监测；⑤仅进行迁徙期的监测。每次监测应至少保证2–3次重复。

（3）爬行动物

根据爬行动物生活习性及气候条件，一般每年监测3次，其中一次监测在6月10~30日开展并完成，其他二次监测分别在其前后完成。每次监测间隔以10天为宜。相邻两次监测应至少间隔1个月。每天监测时间选在7:00~11:00、15:00~17:30或20:00~22:00较合适。

（4）两栖动物

两栖动物的监测每年进行2~3次，每次以6~10天为宜。于每年的6月10~30日开展一次监测（海南岛可在7月下旬）。其他监测时间根据当地情况确定，至少间隔一个月。

（5）内陆水域鱼类

鱼类早期资源监测，通常每年进行一次，从繁殖季节开始持续到繁殖季节结束，每天采集2次、每次1小时。鱼类物种资源监测的时间没有强制性规定，主要根据监测目标和监测对象确定监测时间和频次，尽量保持不同监测样点时间和条件的同步性；一般每年春、秋两季各进行1次监测，每次15~30天；或者根据鱼类生物学特点及水文条件的变化规律每年进行4次监测，分别在四个季节开展，每次10~20天；或者逐月开展调查，每次10天左右。

（6）淡水底栖大型无脊椎动物

采样时间视监测目的和地域而定，一般以春末至秋末为宜。在秦岭–长江以南地区，监测时间可延至11月。每年监测2–4次（分别安排在平水期、丰水期和枯水期），但至少须在每年的枯水期和丰水期各进行一次。

（7）蝴蝶

一般在每年4~9月（热带地区可视蝴蝶成虫的发生期延长监测时间），每周监测1次；或每月监测1~2次，每次间隔15天以上；也可在每年6~8月监测2次，每次间隔20天以上。每天的监测时间应在晴朗或多云、温暖无风或微风时进行，一般为9:00~17:00，但在夏季应避开中午12:00~13:30的时间。极热天气应停止监测。

（8）土壤动物

监测时间为春季或秋季土壤动物生长旺盛期。春季在4~5月份,秋季在10~11月份。监测频次为一年1~2次,一般春季1次或秋季1次或春、秋各1次。

需要注意的是,监测时间一经确定,应保持长期不变,以利于对比年际间数据。因为监测目的及科学研究的需要,可在原有监测频率的基础上增加监测次数。

4.4 数据处理和分析

在野外调查时,按照不同动物类别填写后面所附相应的调查表。

然后,按照陆生哺乳动物、鸟类、爬行动物、两栖动物、内陆水域鱼类、淡水底栖大型无脊椎动物、蝴蝶、土壤动物、大型真菌的数据处理和分析方法,主要包括丰富度指数、α多样性指数、β多样性指数、资源量和生物量、环境状况指数等。

4.5 质量控制和安全管理

从样地(段面)和样方(样线)设置、野外监测与采样、数据记录整理与归档、人身安全防护等角度,全程遵循质量控制和安全管理要求。

4.6 监测报告编制

按照现有国家标准的要求撰写监测报告。参见附表1~附表15。

附表 1　两栖爬行动物野外调查记录表

网格编号:______ ______省 ______市(州)______县 ______乡(镇)_____村 日期:_____时间:______
经纬度:起点 N______E______ 终点 N______E______ 海拔:______ ~ ______ m 调查人:______________
小地形:________ 植被类型:____________ 天气状况:当时:_______ 当天:_______ 近期:___________
调查方式及标准:____ 表格编号:______________

编号	动物名称		记录方式	性别	数量	海拔	习性特征	小生境	栖息地	人为干扰		备注
	中名	俗名								性质	状况	

注:(1)记录方式:成体、幼体、蝌蚪、卵、鸣声等;(2)小生境:林缘、林中空地、林分、灌丛、农地、民宅、河流、溪流、自然湖泊、沼泽、临时水域、人工湖泊、草丛;(3)栖息地:山坡、地面、水中(石上、石下、水面、水中)、水边(石上、土上、泥中)、树上(草、低矮树叶、树枝、高树叶);(4)人为干扰:性质(砍伐、采集、偷猎、放牧)、状况(频繁、一般、少、无)。

附表 2　两栖爬行类动物访问调查记录表

网格编号:_______ _______省 _________市(州)_________县 _________乡(镇)_________村
访谈时间:____________ 访谈地点:____________ 访谈人:_____________ 表格编号:____________
被访谈人情况:姓名 __________ 性别 ______ 年龄 ______ 文化程度 ______ 民族 ______ 职业 _______

种名		访查种凭据				主要特征	地点	生境	年份	现状	利用情况	备注
中名	俗名	实体	皮张	龟壳/壳板	其他							

注:(1)现状:稀有、偶见、常见、丰富、已知消失、历史记录;(2)利用情况:大量、少量、偶尔等。

附表3　两栖爬行类物种名录

网格编号:__________ ________省 ________市(州)________县　统计人 _______日期 ______

纲/目/科	种类名称	拉丁名	特有性	经济用途	生境分布	备 注

附表4　兽类动物样线(带)调查记录表

网格编号:__________ ________省 ________市(州)________县 _______乡(镇)______村(小地名)
地点:_________ 经纬度:起点:E______N______ 终点:E______N______ 海拔幅度:______m－______m
植被类型:______________________ 坡向:________ 坡度:_________ 坡位:_________ 日期:_________
起止时间:___时___分 至___时___分 天气:_____ 样线长:___m 调查者:_____ 表格编号:_________

兽种名	拉丁学名	实 体			间 接 证 据			小生境	海拔(m)	坐标位置	遇见率	备 注
		性别	成幼	数量	证据类型	数量	描述与测量					

注:(1)性别:雌、雄;(2)证据类型:足印、粪便、食痕、擦痕、爪印、毛发、鸣声;(3)遇见率:稀有、偶见、常见、丰富、已知消失、历史记录。

附表 5 野外兽类足迹记录式样

网格编号:____________调查者姓名:____________物种名:____________地点 / 位置:____________
地表状态:____________栖息地景观:_______________海拔高度:______m 日期:____________
检查要点:左 / 右,前 / 后,足印 / 足链,步态,尺寸,其他提示:______________________________
足印和足链标尺测量及标注(测量单位:____________)
绘制草图: 文字描述:
足印基本测量统计表(测量单位:)

编 号	左 / 右	前足长 / 宽	后足长 / 宽	步距	跨距	群距	群 间 距	爪印长	跖垫长	蹄 间 距	角 度
平 均											
备 注											

附表 6 兽类动物踪迹观察结果记录表

网格编号:________________ ________省 ________市(州)________县 ________乡(镇)________村
地点:____________________________ 调查人:__________________ 编号:__________________

日期	种名	踪迹	地表状态	踪迹方位	踪迹方向	海拔(m)	坡向	坡度	踪迹景观	备注

附表 7 兽类物种问卷调查表

网格编号:____________ ______省 ______ 市(州)_______ 县(市)_______ 乡(镇)_______ 村(小地名)
访问地点:_____________ 访问时间:______________ 访查人姓名:______________ 编号:_____________
被访人情况:

编 号	姓 名	性 别	民 族	年 龄	文化程度	职 业	备 注

被访内容:

编号	物种名			访查物种凭据					主要特征	遇见率	分布年	分布生境
	中名	俗名	民族名	实体	皮毛	头骨	角	足	其他			

注:被访人应与被访内容对应。

附表 8 兽类物种名录

网格编号:____________ ______省 ______市(州)______县 统计人:____________日期:_________

目/科	种名	拉丁名	用途	分布型	分布	备 注

附表9 样线(带)法鸟类调查记录表

网格编号:__________ ________省 ________市(州)________县 ________乡(镇)________村(小地点)
经纬度:起点N_____E_____终点N_____E_____海拔幅度:_____~_____m 天气:______能见度:_______
区域生境:______样带长:____m,宽:____m 记录时间:____时 ____分 至 ____时 _____ 分 日期:_______
地点:________________________ 调查人:____________________ 表格编号:____________________

时 间	种类名称	拉丁学名	数量	观察距离	栖息物类型	栖息物高度	栖息高度	栖息生境	备 注

注:(1)时间栏记录观察到该种鸟的时分,如“7:25”;(2)观察距离:每次鸟群中心个体到观察样线中心线的垂直距离;(3)栖息物类型:树桩、岩石等;(4)栖息生境:树冠、地面灌丛等。

附表10 样点法鸟类调查记录表

网格编号:__________ ______省 ______市(州)______县 ______乡(镇)______村 地点:__________
生境类型:__________________________海拔:______m 天气:___________视野距离:___________m
调查人:_________ 日期:______起止时间:______时 ______分至 ______时 ______分 表格编号:______

时间	种类名称	拉丁学名	数量	观察距离	活动生境	活动高度	备注

注:(1)时间栏记录观察到该种鸟的时分,如“7:25”;(2)数量为每次观察到并在一起活动的个体数量,如能辨别雌雄成幼,记录时尽可能详细;(3)观察距离为每次鸟群中心个体到观察样线中心线的垂直距离;(4)活动生境栏记录该群鸟停息的活动位置,例如“树冠”、“地面灌丛”等。

附表 11 鸟类访问调查表

网格编号:__________ ______省 ______市(州)______县 ______乡(镇) 村 日期:__________
调查人:__________访谈地点:__________ 访谈时间:__________表格编号:__________
被访谈人姓名:__________ 性别:______年龄:______职业:__________文化程度:______民族:______

种类名称	俗名	拉丁学名	用途	利用现状	人工繁殖情况	保护现状	流失现状	备注

注:(1)用途:食用、观赏等;(2)利用现状:大量、少量、偶尔等;(3)人工繁殖情况:现状与规模;(4)保护现状:采取的保护措施;(5)流失现状:包括流失途径、流向国家及用途等。

附表 12 鸟类资源物种名录

网格编号:__________ ________省 ________市(州)________县 ________统计人:______日期:______

目/科	种名	拉丁名	用途	居留类型	分布	备 注

附表 13 重点调查湿地水鸟数量调查汇总表

湿地名称	水鸟名录序号	种中文名	种拉丁名	保护等级	种群数量	居留型	调查方法	调查起止日期

注:(1)水鸟名录序号及种中文名、拉丁名按附录10填写。(2)保护等级分国家Ⅰ级、国家Ⅱ级、省级。(3)居留型:分留鸟、冬候鸟、夏候鸟、旅鸟。

附表 14　重点调查湿地两栖、爬行类、兽类和鱼类调查汇总表

湿地名称	种 中文名	种 拉丁名	保护等级	数量级 / 数量	调查方法	调查起止日期

注：(1)保护等级：分国家Ⅰ级、国家Ⅱ级、省级。(2)数量级：用“++++”、“+++”、“++”和“+”表示，国家Ⅰ级、国家Ⅱ级种类应填写种群数量。

附表 15　重点调查湿地无脊椎动物(贝、虾、蟹类)调查汇总表

湿地名称	中文名	种拉丁名	种保护等级	数量状况	调查方法	调查起止日期

注：(1)保护等级：分国家Ⅰ级、国家Ⅱ级、省级。(2)数量级：用“++++”、“+++”、“++”和“+”表示。

宁夏哈巴湖国家级自然保护区
动物图鉴

鸟　纲 Aves

䴙䴘目　Podicipediformes

䴙䴘科　Podicipedidae

小䴙䴘(*Tachybapus ruficollis*)

英文名:Little Grebe

俗名:刁鸭、油葫芦、油鸭

形态特征:体小(27 厘米)而矮扁。繁殖羽:喉及前颈偏红,头顶及颈背深灰褐,上体褐色,下体偏灰。非繁殖羽:上体灰褐下体白。虹膜黄色,嘴黑色,脚蓝灰。

叫声:重复的高音吱叫声 ke-ke-ke-ke。

生活习性:喜湖泊、沼泽。

凤头䴙䴘(*Podiceps cristatus*)

英文名:Great Crested Grebe

俗名:浪花儿、浪里白

形态特征:体大(50 厘米)而外形优雅的䴙䴘。颈修长,具显著的深色羽冠,下体近白,上体纯灰褐。繁殖期成鸟颈背栗色,颈具鬃毛状饰羽。与赤颈䴙䴘的区别在脸侧白色延伸过眼,嘴形长。虹膜近红色;嘴黄色,下颚基部带红色,嘴峰近黑。

叫声:成鸟发出深沉而洪亮的叫声。雏鸟乞食时发出笛声 ping-ping。

生活习性:繁殖期成对作精湛的求偶炫耀,两相对视,身体高高挺起并同时点头。

鹈形目 Pelecaniformes

鹈鹕科 Pelecanidae

斑嘴鹈鹕(*Pelecanus philippensis*)

英文名:Spor-billed Phlilppensis

俗名:花嘴鹈鹕、伽蓝鸟

形态特征:嘴长扁平,有蓝黑斑点,嘴下有一大暗紫色皮质喉囊,腿短脚大,趾间有宽蹼相连。头、颈白色,枕有粉红色羽冠,后颈有一条长的翎领上嘴边缘及下嘴中部有蓝黑色斑点,下嘴基部具蓝黑色斑纹。喉囊暗紫色,爪角黄色。

生活习性:宁夏为旅鸟。善游泳,喜群居。

鸬鹚科 Phalacrocracidae

鸬鹚(*Phalacrocorax carbo*)

英文名:Cormorant

别称:鱼鹰、水老鸦

形态特征:体羽黑色,并带紫色金属光泽。肩羽和大覆羽暗棕色,羽边黑色,而呈鳞片状,体长为1.1~1.2米。嘴强而长,锥状,先端具锐钩,适于啄鱼;下喉有小囊。

生活习性:善于潜水,能在水中以长而钩的嘴捕鱼。

鹳形目 Ciconiiformes

鹭科 Ardeidae

苍鹭(*Ardea cinerea*)

英文名:Grey Heron

俗名:灰鹭、老等、青庄

形态特征:体大(92 厘米)的白、灰及黑色鹭。成鸟过眼纹及冠羽黑色,飞羽、翼角及两道胸斑黑色,头、颈、胸及背白色,颈具黑色纵纹。

叫声:深沉的喉音呱呱声 kroak 及似鹅的叫声 honk。

生活习性:性孤僻,在浅水中捕食。冬季有时成大群。飞行时翼显沉重。

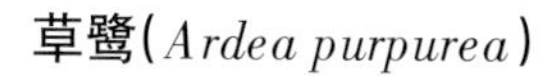

草鹭(*Ardea purpurea*)

英文名:Purple Heron

俗名:草当、花洼子、黄庄、紫鹭

形态特征:体大(80 厘米)的灰、栗及黑色鹭。特征为顶冠黑色并具两道饰羽,颈棕色且颈侧具黑色纵纹。背及覆羽灰色,飞羽黑,其余体羽红褐色。虹膜黄色;嘴褐色;脚红褐色。

叫声:粗哑的呱呱叫声。

生活习性:喜稻田、芦苇地、湖泊及溪流。性孤僻,常单独在有芦苇的浅水中,低歪着头伺机捕鱼及其他食物。飞行时振翅显缓慢而沉重。结大群营巢。

白鹭(*Egretta garzetta*)

英文名:Little Egret

俗名:白鹤、鹭鸶、雪客

形态特征:中等体型(60 厘米)的白色鹭。与牛背鹭的区别在体型较大而纤瘦,嘴及脸部裸露皮肤黄绿,于繁殖期为淡粉色;嘴黑色;腿黑色,趾黄色,繁殖羽纯白,颈背具细长饰羽,背及胸具蓑状羽。虹膜黄色;腿及脚黑色,趾黄色。

叫声:于繁殖巢群中发出呱呱叫声。

生活习性:喜稻田、河岸、沙滩、泥滩及小溪流。成散群进食,常与其他种类混群。

大白鹭(*Egretta alba*)

英文名:Great White Egret

别称:白鹭鸶、大白鹤、白庄

形态特征:全身洁白。繁殖期间肩背部着生有三列长而直,一直向后延伸到尾端。冬羽和夏羽相似,全身亦为白色、嘴和眼先为黄色,虹膜黄色,嘴、眼先和眼周皮肤繁殖期为黑色。

生活习性:部分夏候鸟,部分旅鸟和冬候鸟。通常 3 月末到 4 月中旬迁到北部繁殖地,10 月初开始迁离繁殖地到南方越冬。主要在水边浅水处涉水觅食。

中白鹭(*Egretta intermedia*)

英文名:Yellow-billed Egret

别称:黄嘴白鹭、白鹭鸶、春锄

形态特征:是一种中型涉禽,略较白鹭为大。嘴和颈相对较白鹭短,嘴长而尖直,翅大而长,脚和趾均细长,胫部部分裸露,脚三趾在前一趾在后,中趾的爪上具梳状栉缘。具有丝状蓑羽,胸前有饰羽,头顶有的有冠羽,腿部被羽。虹膜黄色。

生活习性:主要栖息于浅水处及河滩上,以水生生物为食。吃饱后常在岸边或田埂上缩着颈、单脚伫立的休息。

夜鹭(*Nycticorax nycticorax*)

英文名:Black-crowned Night-Heron

俗名:夜鹤、夜游鹤

形态特征:中等体型(61 厘米)、头大而体壮的黑白色鹭。成鸟:顶冠黑色,颈及胸白,颈背具两条白色丝状羽,背黑,两翼及尾灰色。虹膜:亚成鸟黄色,成鸟鲜红;嘴黑色。

叫声:飞行时发出深沉喉音 wok 或 kowak-kowak,受惊扰时发出粗哑的呱呱声。

生活习性:白天群栖树上休息,黄昏时鸟群分散进食,发出深沉的呱呱叫声。取食于稻田、草地及水渠两旁。

大麻鳽（*Botaurus stellaris*）

英文名：Great Bittern

形态特征：体大（75 厘米）的金褐色及黑色鳽。顶冠黑色，颏及喉白且其边缘接明显的黑色颊纹。头侧金色，其余体羽多具黑色纵纹及杂斑。飞行时具褐色横斑的飞羽与金色的覆羽及背部成对比。虹膜黄色；嘴黄色；脚绿黄色。

叫声：仅在繁殖期发出鼓样叫声，冬季寂静无声。

生活习性：性隐蔽，喜高芦苇。有时被发现时就地凝神不动，嘴垂直上指。

鹳科　Ciconiidae

黑鹳（*Ciconia nigra*）

英文名：Black Stork

形态特征：黑鹳两性相似。成鸟嘴长而直，基部较粗，往先端逐渐变细。鼻孔小，呈裂缝状。第 2 和第 4 枚初级飞羽外翈有缺刻。尾较圆，尾羽 12 枚。脚甚长，胫下部裸出，前趾基部间具蹼，爪钝而短。头、颈、上体和上胸黑色，颈具辉亮的绿色光泽。背、肩和翅具紫色和青铜色光泽，胸亦有紫色和绿色光泽。前颈下部羽毛延长，形成相当蓬松的颈领，而且在求偶期间和四周温度较低时能竖直起来。下胸、腹、两胁和尾下覆羽白色。虹膜褐色或黑色，嘴红色，尖端较淡，眼周裸露皮肤和脚亦为红色。

叫声：黑鹳的声带退化，不会发出叫声，但能用上下嘴快速叩击发出“嗒嗒嗒”的响声。国家Ⅰ级重点保护野生动物。

鹮科 Threskiornithidae

白琵鹭(*Platalea leucorodia*)

英文名:White Spoonbill

俗名:琵琶嘴鹭、篦鹭、白鹭

形态特征:大型(84 厘米)涉禽。全身羽毛白色。眼先、眼周、颏、上喉裸皮黄色。嘴黑色,长而直、扁阔似琵琶,故而得名。胸及头部冠羽黄色。颈、腿均长,腿下部裸露呈黑色。虹膜暗褐色。

叫声:繁殖期外寂静无声。

生活习性:涉水啄食小型动物,有时也食水生植物。喜泥泞水塘、湖泊或泥滩地。国家Ⅱ级重点保护野生动物。

雁形目 Anseriformes

鸭科 Anatidae

鸿雁(*Anser cygnoides*)

英文名:Swan Goose

俗名:草雁、大雁、黑嘴雁

形态特征:体大(88 厘米)而颈长的雁。黑且长的嘴与前额成一直线,一道狭窄白线环绕嘴基。上体灰褐,前颈白,头顶及颈背红褐,前颈与后颈有一道明显界线。腿粉红,臀部近白,飞羽黑。

叫声:飞行时作典型雁叫,升调的拖长音。

生活习性:栖于湖泊。

白额雁(*Anser albifrons*)

英文名:White-fronted Goose

俗名:鸿大雁、花斑、明斑

形态特征:大型雁类。额部和上嘴的基部具有一个白色的宽阔带斑,头顶和后颈呈暗褐色;背部、肩部、腰部均为暗灰褐色,具有淡色的羽缘;尾羽为黑褐色,具有白色的端尾上覆羽白色。胸部以下逐渐变淡,腹部为污白色。

叫声:飞行时发出不同音阶的 lyo-lyok 悦耳叫声。

生活习性:宁夏为冬候鸟。保护区见于水域边缘和沼泽地、河滩、苇塘等处。

豆雁(*Anser fabalis*)

英文名:Bean Goose

俗名:大雁、东方豆雁

形态特征:体型大(80 厘米)的灰色雁。与 Pink-footed Goose 类似,但脚为橘黄色;颈色暗,嘴黑而具橘黄色次端条带。飞行中较其他灰色雁类色暗而颈长。上下翼无 Pink-footed 或灰雁的浅灰色调。虹膜暗棕;嘴橘黄、黄及黑色;脚橘黄色。

叫声:较深沉的似 hank-hank 的叫声。

生活习性:成群活动于近湖泊的沼泽地带及稻茬地。

灰雁(*Anser anser*)

英文名:Greylag Goose

俗名:大雁、红嘴雁、沙雁

形态特征:体大(76 厘米)的灰褐色雁。以粉红色的嘴和脚为本种特征。嘴基无白色。上体体羽灰而羽缘白,使上体具扇贝形图纹。胸浅烟褐色,尾上及尾下覆羽均白。飞行中浅色的翼前区与飞羽的暗色成对比。虹膜褐色;嘴红粉;脚粉红。

叫声:深沉的雁鸣声。

生活习性:栖居于疏树草原、沼泽及湖泊;取食于矮草地及农耕地。

大天鹅(*Cygnus cygnus*)

英文名:Whooper Swan

俗名:白鹅、大鹄、黄嘴天鹅

形态特征:体型高大(155 厘米)的白色天鹅。嘴黑,嘴基有大片黄色。黄色延至上喙侧缘成尖。游水时颈较疣鼻天鹅为直。亚成体羽色较疣鼻天鹅更为单调,嘴色亦淡。比小天鹅大许多。虹膜褐色;嘴黑而基部为黄;脚黑色。

叫声:飞行时叫声为独特的 klo-klo-klo声。

生活习性:旅鸟。国家Ⅱ级重点保护野生动物。

小天鹅(*Cygnus columbianus*)

英文名:Whistling Swan

俗名:白鹅、短嘴天鹅、啸声天鹅

形态特征:较高大(142 厘米)的白色天鹅。嘴黑但基部黄色区域较大。嘴-黑色带黄色嘴基;脚黑色。

叫声:叫声似大天鹅但音量较大。群鸟合唱声如鹤,为悠远的 klah 声。

生活习性:旅鸟。栖息于有水生植物的各种水面和芦苇丛生的湖泊、水库岸边。一般成对活动。性机警,不易捕获。国家Ⅱ级重点保护野生动物。

赤麻鸭(*Tadorna terruginea*)

英文名:Ruddy Shelduck

俗名:渎凫、红雁、黄凫

形态特征:体大(63 厘米)橙栗色鸭类。头皮黄。外形似雁。雄鸟夏季有狭窄的黑色领圈。飞行时白色的翅上覆羽及铜绿色翼镜明显可见。嘴和腿黑色。虹膜褐色;嘴近黑色;脚黑色。

叫声:声似 aakh 的啭音低鸣,有时为重复的 pok-pok-pok-pok。雌鸟叫声较雄鸟更为深沉。

生活习性:筑巢于近溪流、湖泊的洞穴。多见于内地湖泊及河流。极少到沿海。

针尾鸭(*Anas acuta*)

英文名:Pintail

俗名:长尾凫、尖尾鸭、拖枪鸭

形态特征:中等体型(55 厘米)的鸭。尾长而尖。雄鸟头棕,喉白,两胁有灰色扇贝形纹,尾黑,中央尾羽特长延,两翼灰色具绿铜色翼镜,下体白色。雌鸟黯淡褐色,上体多黑斑;下体皮黄,胸部具黑点;两翼灰翼镜褐;嘴及脚灰色。

叫声:甚安静。雌鸟发出低喉音的 kwuk-kwuk 声。

生活习性:喜沼泽、湖泊、大河流及沿海地带。常在水面取食,有时探入浅水。

普通秋沙鸭(*Mergus merganser*)

英文名:Common Merganser

俗名:黑头尖嘴鸭(雄)、棕头尖嘴鸭(雌)

形态特征:体型略大(68 厘米)。细长的嘴具钩。繁殖期雄鸟头及背部绿黑,飞行时翼白而外侧三极飞羽黑色。雌鸟及非繁殖期雄鸟上体深灰,下体浅灰,头棕褐色而颏白。飞行时次级飞羽及覆羽全白。虹膜褐色;嘴红色;脚红色。

叫声:相当安静。雄鸟求偶时发出假嗓的 uig-a 叫声,雌鸟有几种粗哑叫声。

生活习性:喜结群于湖泊及湍急河流。潜水捕食鱼类。

绿头鸭(*Anas platyrhynchos*)

英文名:Mallard

俗名:沉凫、晨凫、大红腿鸭

形态特征:中等体型(58 厘米),为家鸭的野型。雄鸟头及颈深绿色带光泽,白色颈环使头与栗色胸隔开。雌鸟褐色斑驳,有深色的贯眼纹。较雌针尾鸭尾短而钝;较雌赤膀鸭体大且翼上图纹不同。虹膜褐色;嘴黄色;脚橘黄。

叫声:雄鸟为轻柔的 kreep 声。雌鸟似家鸭那种 quack quack quack 的熟悉叫声。

生活习性:多见于湖泊,冬季喜集群生活。杂食性。

琵嘴鸭(*Anas clypeata*)

英文名:Shoveller

俗名:杯凿、铲土鸭、琵琶嘴鸭

形态特征:体大(50 厘米)而易识别,嘴特长,末端呈匙形。雄鸟:腹部栗色,胸白,头深绿色而具光泽。雌鸟褐色斑驳,尾近白色,贯眼纹深色。飞行时浅灰蓝色的翼上覆羽与深色飞羽及绿色翼镜成对比。虹膜褐色;嘴繁殖期雄鸟近黑色,雌鸟橘黄褐色;脚橘黄。

叫声:似绿头鸭但声音轻而低,也作 quack 的鸭叫声。

生活习性:主要栖息于开阔地带湖泊。

花脸鸭(*Anas formosa*)

英文名:Baikal Teal

俗名:巴鸭、黑眶鸭、眼镜鸭

形态特征:雄鸟:中等体型(42 厘米),头顶色深,纹理分明的亮绿色脸部具特征性黄色月牙形斑块。多斑点的胸部染棕色,两胁具鳞状纹似绿翅鸭。肩羽形长,中心黑而上缘白。翼镜铜绿色,臀部黑色。雌鸟:似白眉鸭及绿翅鸭,但体略大且嘴基有白点;脸侧有白色斑块。

叫声:雄鸟春季发出深沉的 wot-wot-wot 似笑叫声。雌鸟发出呱呱的低叫声。

生活习性:栖于湖泊。

白眉鸭(*Anas querquedula*)

英文名:Garganey

俗名:白眉鸭、巡凫

形态特征:中等体型(40 厘米)的戏水型鸭。雄鸟头巧克力色,具宽阔的白色眉纹。胸、背棕而腹白。肩羽形长,黑白色。翼镜为闪亮绿色带白色边缘。雌鸟褐色的头部图纹显著,腹白,翼镜暗橄榄色带白色羽缘。

叫声:通常少叫。雄鸭发出呱呱叫声似拨浪鼓。雌鸟发出轻 kwak 声。

生活习性:冬季常结大群。白天栖于水上,夜晚进食。

赤颈鸭(*Anas penelope*)

英文名:Wigeon

俗名:赤颈凫、鹅子鸭、红鸭

形态特征:中等体型(47 厘米)的大头鸭。雄鸟特征为头栗色而带皮黄色冠羽。体羽余部多灰色,两肋有白斑,腹白,尾下覆羽黑色。飞行时白色翅羽与深色飞羽及绿色翼镜成对照。雌鸟通体棕褐或灰褐色,腹白。飞行时浅灰色的翅覆羽与深色的飞羽成对照。

叫声：雄鸟发出悦耳哨笛声 whee-oo,雌鸟为短急鸭叫。

生活习性：与其他水鸟混群于湖泊、沼泽及河口地带。

红头潜鸭(*Aythya ferina*)

英文名:Common Pochard

形态特征:中等体型(46 厘米)、外观漂亮的鸭类。栗红色的头部与亮灰色的嘴和黑色的胸部及上背成对比。腰黑色但背及两肋显灰色。近看为白色带黑色蠕虫状细纹。飞行时翼上的灰色条带与其余较深色部位对比不明显。雌鸟背灰色,头、胸及尾近褐色,眼周皮黄色。

叫声:雄鸟发出喘息似的二哨音。雌鸟受惊时发出粗哑的 krrr 大叫。

生活习性:栖于有茂密水生植被的池塘及湖泊。

罗纹鸭(*Anas falcata*)

英文名:Falcated Duck

俗名:扁头鸭、镰刀鸭

形态特征:雄鸟:体大(50 厘米),头顶栗色,头侧绿色闪光的冠羽延垂至颈项,黑白色的三级飞羽长而弯曲。喉及嘴基部白色使其区别于体形甚小的绿翅鸭。雌鸟黯褐色杂深色。虹膜褐色;嘴黑色;脚暗灰。

叫声:相当寂静。繁殖季节,雄鸟发出低哨音接着是 uit-trr 颤音。雌鸟以粗哑的呱呱声作答。

生活习性:喜结大群,停栖水上,常与其他种类混合。

绿翅鸭(*Anas crecca*)

英文名:Common Teal

俗名:巴鸭、小麻鸭、小水鸭

形态特征:体小(37 厘米)、飞行快。绿色翼镜在飞行时显而易见。雄鸟有明显的金属亮绿色,带皮黄色边缘的贯眼纹横贯栗色的头部,肩羽上有一道长长的白色条纹,深色的尾下羽外缘具皮黄色斑块;其余体羽多灰色。雌鸟褐色斑驳,腹部色淡。

叫声:雄鸟叫声为似 kirrik 的金属声;雌鸟叫声为细高的短 quack 声。

生活习性:成对或成群栖于湖泊,飞行时振翼极快。

斑嘴鸭(*Anas poecilorhyncha*)

英文名:Spot-billed Duck

俗名:大燎鸭、黄嘴尖鸭、火燎鸭

形态特征:体大(60 厘米)的深褐色鸭。头色浅,顶及眼线色深,嘴黑而嘴端黄且于繁殖期黄色嘴端顶尖有一黑点为本种特征。喉及颊皮黄。深色纹,体羽更黑。深色羽带浅色羽缘使全身体羽呈浓密扇贝形。

叫声:雌鸟叫声似家鸭,音往往连续下降。雄鸟发出粗声的 kreep。

生活习性:栖于湖泊,主要吃植物性食物。

翘鼻麻鸭(*Tadorna tadorna*)

英文名:Shelduck

别称:冠鸭、白鸭、翘鼻鸭、掘穴鸭、潦鸭

形态特征:雄鸟头和上颈黑褐色,具绿色光泽;下颈、背、腰、尾覆羽和尾羽全白色,尾羽具黑色横斑, 肩羽和初级飞羽黑褐色。雌鸟羽色较雄鸟略淡。头和颈不具绿色金属光泽,前额有一小的白色斑点,棕栗色胸带窄而色浅,腹部黑色纵带亦不甚清晰,嘴基无皮质肉瘤。

生活习性:到达西北繁殖地的时间在 4 月末至 5 月初,秋季 9 月末离开繁殖地前往越冬地。

赤膀鸭(*Anas strepera*)

英文名:Gadwall

别称:青边仔、漈凫

形态特征:雄鸟繁殖羽前额棕色,头顶亦为棕色而杂有黑褐色斑纹。后颈上部、背暗褐色;上背和两肩具波状白色细斑,较长的肩羽边缘棕色,下背纯暗褐色,具浅色羽缘。腰、尾侧、尾上和尾下覆羽绒黑色,尾羽灰褐色而具白色羽缘。雌鸟上体暗褐色,具浅棕色边缘。

生活习性:在水边水草丛中觅食。觅食时常将头沉入水中,有时也头朝下,尾朝上取食。

斑背潜鸭(*Aythya marila*)

英文名:Greater Scaup

形态特征:雄鸟头和颈黑色,具绿色光泽,上背、腰和尾上覆羽黑色;下背和肩羽白色,满杂以黑色波浪状细纹。雌鸟头、颈、胸和上背褐色,具不明显的白色羽端,形成鱼鳞状斑,下背和肩褐色,有不规则的白色细斑。

生活习性: 迁徙性鸟类。通过潜水觅食,通常白天觅食。休息时常成群地在水面游荡。

凤头潜鸭（*Aythya fuligula*）

英文名：Tufted Duck

别称：泽凫、凤头鸭子、黑头四鸭

形态特征：雄鸟头和颈黑色，具紫色光泽。头顶有丛生的长形黑色冠羽披于头后。背、尾上和尾下覆羽均为深黑色。雌鸟头、颈、胸和整个上体黑褐色，羽冠也为黑褐色，但较雄鸟短，也无光泽。

生活习性：迁徙性鸟类，迁徙时常集成大群。每年3月末4月初从南方越冬地迁徙。

赤嘴潜鸭（*Netta rufina*）

英文名：Red-crested Pochard

别称：红嘴潜鸭、大红头

形态特征：雄鸟额、头侧、喉及上颈两侧深栗色，头顶至颈项冠羽淡棕黄色。下颈至上背黑色，具淡棕色羽缘；下背褐色。雌鸟额、头顶至后颈暗棕褐色，羽冠不明显；头侧、颈侧、颏和喉灰白色。上体淡棕褐色，腰部较暗；翅同雄鸟，但初级飞羽内翈和翼镜灰白色。

生活习性：4月迁往西北，于9月末10月初开始南迁。主要通过潜水取食。

隼形目 Falconiformes

鹰科 Accipitridae

鸢(*Milvus korschun*)

英文名:Black Kite

俗名:老鹰,黑耳鹰,鹞鹰

形态特征:中型猛禽。上体为暗褐色,颏部、喉部和颊部污白色,下体为棕褐色,均具有黑褐色的羽干纹;尾羽较长,呈浅叉状,具宽度相等的黑色和褐色相间排列的横斑。飞翔时翼下有白斑。

生活习性:栖息于草地丘陵地带。宁夏为留鸟。是国家Ⅱ级重点保护野生动物。

鹗(*Pandion haliaetus*)

英文名:Fish Hawk

俗名:鱼鹰、雎鸠

形态特征:中型猛禽,头部白色,头顶具有黑褐色的纵纹,枕部的羽毛稍微呈披针形延长,形成一个短的羽冠。头的侧面有一条宽阔的黑带,从前额的基部经过眼睛到后颈部,并与后颈的黑色融为一体。上体为暗褐色,略具紫色光泽。下体为白色。

生活习性:建有巨大的巢。栖息于湖泊。国家Ⅱ级重点保护野生动物。

大鵟(*Buteo hemilasius*)

英文名:Upland Buzzard

俗名:花豹

形态特征:雄鸟上体暗褐,具棕色或淡黄色羽缘,尾端棕色,内缺刻下白色,具有暗褐色横斑。头部和颈部棕色或皮黄。眼先白具黑色纹。颏白,具黑色纵纹;喉和上胸棕或棕褐;下胸和腹白具褐色条纹。覆腿羽暗褐具白色细横斑。雌鸟体形稍大。

生活习性:留鸟。主要活动于开阔的林缘、草原。国家Ⅱ级重点保护动物。

草原鵰(*Aquila rapax*)

英文名:Steppe Eagle

俗名:角鵰、大花皂鵰、大花雕

形态特征:体大的全深褐色鵰。容貌凶狠,尾型平。成鸟与其他全深色的鵰易混淆,但下体具灰色及稀疏的横斑,两翼具深色后缘。有时翼下大覆羽露出浅色的翼斑似幼鸟。虹膜淡棕褐色。上嘴基部蓝灰色,中间黑褐色;下嘴基部角黄色,嘴角暗黄色。

生活习性:主要抓捕兔、黄鼠和鸭类。国家Ⅱ级重点保护野生动物。

白尾鹞(*Circus cyaneus*)

英文名:Hen Harrier

俗名:灰鹰、扑地鹞、白抓、灰鹞、鸡鵟

形态特征:中型猛禽。前额为污灰白色,头顶灰褐色,而且具暗色的羽干纹,后头为暗褐色,具棕黄色的羽缘,耳羽的后下方向下至颏有一圈蓬松而稍微卷曲的羽毛所形成的皱领,后颈微蓝灰色,常缀以褐色或黄褐色的羽缘,上体的背部、肩部和腰部等都是蓝灰色,有时稍微沾褐色,翅膀的尖端为黑色。

生活习性:旅鸟。栖息于平原和低山丘陵地带。国家Ⅱ级重点保护野生动物。

白尾海鹛(*Haliaeetus albicilla*)

英文名:Grey Sea Eagle

形态特征:大型猛禽。头、颈和上胸淡茶黄褐,杂以乌白色。头部有些白羽;上体余部暗褐色,肩羽具白缘,最长的尾上覆羽灰褐色。尾羽(除最外侧一对先端具褐色外)纯白色。翅上覆羽褐色,羽缘色淡;初级飞羽褐色;最内侧次级飞羽具白缘。

生活习性:多栖于城墙、高树上,主要食鱼、水鸟、野兔体。国家Ⅰ级重点保护野生动物。

金雕（*Aquila chrysaetos*）

英文名：Golden Eagle

别称：金鹫、老雕、鹫雕

形态特征：属大型猛禽。全长 76~102 厘米，翼展平均超过 2.3 米，体重 2~7.2 千克。头顶黑褐色，后头至后颈羽毛尖长，呈柳叶状，羽基暗赤褐色，羽端金黄色，具黑褐色羽干纹。上体暗褐色，肩部较淡，背肩部微缀紫色光泽；尾上覆羽淡褐色，尖端近黑褐色，尾羽灰褐色，具不规则的暗灰褐色横斑。

生活习性：捕食的猎物有雁鸭类、雉鸡类、狍子、鹿、山羊、狐狸、野兔等。国家Ⅰ级重点保护野生动物。

隼科 Falconidae

猎隼（*Falco cherrug*）

英文名：Saker falcon

俗名：猎鹰、白鹰、鹞子

形态特征：颈背偏白，头顶浅褐。头部对比色少，眼下方具不明显黑色线条，眉纹白色。上体多褐色而略具横斑，与翼尖的深褐色成对比。尾具狭窄的白色羽端。下体偏白，狭窄翼尖深色，翼下大覆羽具黑色细纹。翼比游隼形钝而色浅。

生活习性：取食野鸭、鸥类和鸠鸽类，营巢于悬崖。国家Ⅱ级重点保护野生动物。

红隼(*Falco tinnunculus*)

英文名:Kestrel

俗名:茶隼、红鹰、黄鹰

形态特征:雄鸟额灰白色,头顶至后颈青灰色,具灰色羽干纹;颊和眼光苍灰;背、肩、腰、翅上覆羽呈砖红色,羽端呈黑褐色半圆形黑斑;尾上覆羽青灰色,羽干纹黑褐色。飞羽棕褐色内 沾深棕,具横斑,颏、喉乳白色。胸、腹、肋淡棕色,具暗色纵纹,在腹部和两肋为斑点。腿覆羽淡粟黄色,具暗色羽干斑。雌鸟上体红棕色。

生活习性:留鸟。营巢于大树上,主要以鼠类为食。国家Ⅱ级重点保护野生动物。

黄爪隼(*Falco naumanni*)

英文名:Lesser Kestrel

形态特征:雄鸟、雌鸟及幼鸟体色有差异。雄鸟前额、眼先棕黄色,头顶、后颈、颈侧、头侧为淡蓝灰色,耳羽具棕黄色羽干纹。雌鸟前额为污白色,具纤细的黑色羽干纹;眼上有一条白色眉纹;头、颈、肩、背及翅上覆羽棕黄色。幼鸟和雌鸟相似,但上体纵纹和横斑粗著。

生活习性:3 月末至 4 月中旬迁到北方,10 月末至 11 月初离开,是迁徙旅程最远的猛禽之一。国家Ⅱ级重点保护野生动物等级。

鸡形目　Galliformes

雉科　Phasianidae

石鸡(*Alectoris chukar*)

英文名:Chukar

俗名:朵拉鸡、嘎嘎鸡、红腿鸡

形态特征:带很重斑纹。喉白,下脸部的黑色条纹过眼部和下喉部,与亮红色嘴及肉色眼圈形成对照。上体粉灰,胸皮黄带橘黄,两肋具黑色、栗色横斑及白色条纹。

叫声:雄鸟发出 ka-ka-kaka-kaka-kaka 声,紧接着 chukara-chukara-chukar。

生活习性:活动于干旱草地。

斑翅山鹑(*Perdix dauuricat*)

英文名:Daurian Partridge

俗名:斑翅子、斑鸡、沙板鸡

形态特征:雄鸟体形略小(28 厘米)的灰褐色鹑类。脸、喉中部及腹部橘黄色,腹中部有一倒 U 字形黑色斑块。与灰山鹑的区别在于胸为黑色而非栗色,喉部橘黄色延至腹部,喉部有羽须。雌鸟胸部无橘黄色及黑色,但有“羽须”。虹膜棕色;嘴近黄;脚黄色。

叫声:为本属典型的嘎嘎声。

生活习性:在宁夏的半荒漠草原以及黄土高原地区也可见到。

雉鸡(*Phasianus colchicus*)

英文名:Common Pheasant

俗名:环颈雉、山鸡、野鸡、雉鸡

形态特征:雄鸟:雄鸟头部具黑色光泽,有显眼的耳羽簇,宽大的眼周裸皮鲜红色。有些亚种有白色颈圈。身体披金挂彩,满身点缀着发光羽毛,从墨绿色至铜色至金色;两翼灰色,尾长而尖,褐色并带黑色横纹。雌鸟形小(60厘米)而色暗淡,周身密布浅褐色斑纹。

叫声:雄鸟的叫声为爆发性的噼啪两声,接着用力鼓翼。

生活习性:栖于林地、灌木丛、半荒漠及农耕地。

鹤形目　Gruiformes

鹤科　Gruidae

灰鹤(*Grus grus*)

英文名:Common Crane

俗名:番薯鹤、灰鹚楼、鹄噜雁

形态特征:成鸟通体几乎全为蓝灰色。头顶裸出部朱红色,具稀疏黑色发状短羽,向前延伸到眼先下方。两颊至颈侧灰白色,在后颈相连成倒“人”形。

叫声:配偶的二重唱为清亮持久的Kaw-Kaw-Kaw声。

生活习性:留鸟。喜湿地。灰鹤性胆怯。国家Ⅱ级重点保护野生动物。

蓑羽鹤(*Anthropoides virgo*)

英文名:Demoiselle Crane

俗名:闺秀鹤、灰鹤

形态特征:体型略小(105 厘米)而优雅的蓝灰色鹤。头顶白色,白色丝状长羽的耳羽簇与偏黑色的头、颈及修长的胸羽成对比。三级飞羽形长但不浓密,不足覆盖尾部。叫声:叫声如号角似灰鹤,但较尖而少起伏。

生活习性:飞行时呈 V 字编队,颈伸直。夏候鸟。蓑羽鹤 3 月末 4 月初迁来保护区以湿地内各种昆虫、农田种子植物为食。国家Ⅱ级重点保护野生动物。

秧鸡科 Rallidae

普通秧鸡(*Rallus aquaticus*)

英文名:Water Rail

俗名:秋鸡、水鸡

形态特征:中等体型(29 厘米)的暗深色秧鸡。上体多纵纹,头顶褐色,脸灰,眉纹浅灰而眼线深灰。颏白,颈及胸灰色,两胁具黑白色横斑。亚成鸟翼上覆羽具不明晰的白斑。虹膜红色;嘴红色至黑色;脚红色。

叫声:轻柔的 chip chip chip 叫声,及怪异的猪样嗷叫声。

生活习性:性羞怯。栖于水边植被茂密处、沼泽。

小田鸡(*Porzana pusilla*)

英文名:Baillon's Crake

形态特征:体纤小(18 厘米)的灰褐色田鸡。嘴短,背部具白色纵纹,两胁及尾下具白色细横纹。雄鸟:头顶及上体红褐,具黑白色纵纹;胸及脸灰色。雌鸟色暗,耳羽褐色。幼鸟颏偏白,上体具圆圈状白色点斑。虹膜红色;嘴偏绿;脚偏粉。

叫声:干哑的降调颤音,似青蛙或雄性白眉鸭。

生活习性:栖于沼泽型湖泊及多草的沼泽地带。快速而轻巧地穿行于芦苇中。

黑水鸡(*Gallinula chloropus*)

英文名:Moorhen

形态特征:成鸟两性相似,雌鸟稍小。额甲鲜红色,端部圆形。头、颈及上背灰黑色,下背、腰至尾上覆羽和两翅覆羽暗橄榄褐色。飞羽和尾羽黑褐色,下体灰黑色,向后逐渐变浅,羽端微缀白色,下腹羽端白色较大,形成黑白相杂的块斑;两胁具宽的白色条纹;尾下覆羽中央黑色,两侧白色。翅下覆羽和腋羽暗褐色,羽端白色。

生活习性:善游泳和潜水,尾常常垂直竖起,并频频摆动,以动物性食物为主。

骨顶鸡(*Fulica atra*)

英文名:Coot

形态特征:中型游禽,像小野鸭,常在开阔水面上游泳。全体灰黑色,具白色额甲,趾间具瓣蹼。嘴长度适中,高而侧扁。头具额甲,白色,端部钝圆。跗跖短,短于中趾不连爪。大多数潜水取食沉水植物,趾均具宽而分离的瓣蹼。体羽全黑或暗灰黑色,多数尾下覆羽有白色,上体有条纹,下体有横纹。

生活习性:繁殖生活于北方,迁南方过冬。杂食性。

鸨科 Otidae

小鸨(*Otis tetrax*)

英文名:Little Bustard

俗名:地鹔、地鸡子

形态特征:额、头顶及枕部淡棕栗色,具宽的黑色纵纹,两颊及颈侧色较淡,纵纹也较细;颈部黑褐色、具白斑。上背棕褐。

叫声:求偶叫声为干涩、持久的 prrrt 声。飞行时第四枚初级飞羽能出哨音。

生活习性:栖息于荒漠草原和低洼湿地、食性杂。炫耀时跃起,两翼拍打,翎颌羽膨出。国家Ⅰ级重点保护野生动物。

大鸨(*Otis tarda*)

英文名:Great Bustard

俗名:鸡鹌、老鹌、野雁

形态特征:体型硕大(100 厘米)的鸨。头灰,颈棕,上体具宽大的棕色及黑色横斑,下体及尾下白色。繁殖雄鸟颈前有白色丝状羽,颈侧丝状羽棕色。飞行时翼偏白,次级飞羽黑色,初级飞羽具深色羽尖。虹膜黄色;嘴偏黄;脚黄褐。

叫声:一般不叫。雄鸟炫耀时发出深吟。

生活习性:留鸟。栖息于草原、湿地或荒漠地带。国家Ⅰ级重点保护野生动物

鸻形目 Charadriiformes

鸻科 Charadriidae

凤头麦鸡(*Vanellus vanellus*)

英文名:Northern Lapwing

形态特征:体型略大(30 厘米)的黑白色麦鸡。具长窄的黑色反翻型凤头。上体具绿黑色金属光泽;尾白而具宽的黑色次端带;头顶色深,耳羽黑色,头侧及喉部污白;胸近黑;腹白。虹膜褐色;嘴近黑;腿及脚橙褐。

叫声:拖长的鼻音 pee-wit。

生活习性:喜耕地、稻田或矮草地。

灰头麦鸡(*Vanellus cinereus*)

英文名:Grey-headed Lapwing

形态特征:体大(35 厘米)的亮丽黑、白及灰色麦鸡。头及胸灰色;上背及背褐色;翼尖、胸带及尾部横斑黑色,翼后余部、腰、尾及腹部白色。亚成鸟似成鸟但褐色较浓而无黑色胸带。虹膜褐色;嘴黄色,端黑;脚黄色。

叫声:告警时叫声为响而哀的 chee-it, chee-it 声,飞行时作尖声的 kik。

生活习性:栖于近水的开阔地带、河滩、稻田及沼泽。

金眶鸻(*Charadrius dubius*)

英文名:Little Ringed Plover

俗名:黑领鸻

形态特征:体小(16 厘米)的黑、灰及白色鸻。嘴短。具黑或褐色的全胸带,腿黄色,翼上无横纹。成鸟黑色部分在亚成鸟为褐色。飞行时翼上无白色横纹。虹膜褐色;嘴灰色;腿黄色。

叫声:飞行时发出清晰而柔和的拖长降调哨音 pee-oo。

生活习性:通常出现在沿海溪流及河流的沙洲,也见于沼泽地带及沿海滩涂;有时见于内陆。

环颈鸻(*Charadrius alexandrinus*)

英文名:Kentish Plover

俗名:白领鸻、环颈鸻

形态特征:体小(15 厘米)而嘴短的褐色及白色鸻。与金眶鸻的区别在腿黑色,飞行时具白色翼上横纹,尾羽外侧更白。雄鸟胸侧具黑色块斑;雌鸟此斑块为褐色。亚种 dealbatus 嘴较长较厚。虹膜褐色;嘴黑色;腿黑色。

叫声:重复的轻柔单音节升调叫声 pik。

生活习性:单独或成小群进食,于河流及沼泽地活动。

灰斑鸻(*Pluvialis squatarola*)

英文名:Grey Plover

别称:灰鸻

形态特征:成鸟(非繁殖羽):额白色或灰白色;头顶淡黑褐至黑褐色,羽端浅白;后颈灰褐;背、腰浅黑褐至黑褐色,羽端白色。成鸟(繁殖羽):雄鸟繁殖期两颊、颏、喉及整个下体变为黑色,雌鸟亦然。

生活习性:迁徙季节偶然出现于内陆和干旱地区的草原和湿地。食昆虫、小鱼、虾、蟹、牡蛎及其他软体动物。在食物丰富的情况下,每次移动 2~3 步,停顿 2~4 秒。

剑鸻(*Charadrius hiaticula*)

英文名:Ringed Plover

形态特征:成鸟(繁殖羽):眼先、前额基部黑色,有一白色条带横于额前。耳羽黑色或黑褐色,白色的眉纹延伸至眼后。完整的白色颈圈与颏、喉的白色相连。胸前的黑色或黑褐色胸带较宽,且一直环绕至颈后。成鸟(非繁殖羽):与繁殖羽相似,唯有黑色部分转为暗褐色。

生活习性:栖息于湖泊、农田、湖泊滩地、沼泽草甸和草地等。

鹬科 Scolopacidae

泽鹬(*Tringa stagnatilis*)

英文名:Marsh Sandpiper

形态特征:夏羽头顶、后颈淡灰白色,具暗色纵纹,上背沙灰包或沙褐色,具浓着的黑色中央纹。肩和三级飞羽灰褐色,微缀皮黄色,具黑色斑纹或横斑,下背和腰纯白色,尾上覆羽白色,具黑褐色斑纹或横斑。

叫声:声音尖细,似“唧-唧”声。

生活习性:常单独或成小群在水边觅食。性胆小而机警。

红脚鹬(*Tringa totanus*)

英文名:Common Redshank

别称:赤足鹬、东方红腿

形态特征:夏羽头及上体灰褐色,具黑褐色羽干纹。后头沾棕。背和两翅覆羽具黑色斑点和横斑。下背和腰白色。尾上覆羽和尾也是白色,但具窄的黑褐色横斑。初级飞羽黑色,内侧边缘白色,大覆羽羽端白色,次级飞羽白色,第一枚初级飞羽羽轴白色。

生活习性:栖息于沼泽、草地、河流、湖泊、半荒漠。

三趾鹬(*Crocethia alba*)

英文名:Sanderling

形态特征:夏羽额基、颏和喉白色,头的余部、颈和上胸深栗红色,具黑褐色纵纹。下胸、腹和翅下覆羽白色。翕、肩和三级飞羽主要为黑色,具棕色和灰色羽缘和白色V形斑及白色尖端。中覆羽和大覆羽灰色,具淡灰色或白色羽缘。

叫声:声音似"twick,twick"。

生活习性:常低垂着头,嘴朝下。飞行快而直。主要以甲壳类、软体动物、蚊类和其他昆虫幼虫、蜘蛛等小型动物为食。有时也吃少量植物种子。

灰瓣蹼鹬(*Phalaropus fulicarius*)

形态特征:冬羽头和下体白色。自眼后耳区开始,经眼到眼前缘有一黑色带斑,在白色头上极为醒目。头顶并具灰黑色斑;有时此斑仅局限在头顶后部或头顶后枕部,有时扩展到后颈。后颈、翕、肩和翅上覆羽淡灰色。

生活习性:主要以水生昆虫、甲壳类、软体动物和浮游生物为食。当它游泳时,常常通过奇特的在水面急速打转的办法啄食被引到水面的食物。

反嘴鹬科 Recurvirostridea

黑翅长脚鹬(*Himantopus himantapus*)

英文名:Black-winged Stilt

形态特征:高挑、修长(37厘米)的黑白色涉禽。特征为细长的嘴黑色,两翼黑,长长的腿红色,体羽白。颈背具黑色斑块。幼鸟褐色较浓,头顶及颈背沾灰。虹膜粉红;嘴黑色;腿及脚淡红色。

叫声:高音管笛声及燕鸥样的 kik-kik-kik 声。

生活习性:喜沿海浅水及淡水沼泽地。

反嘴鹬(*Recurvirostra avosetta*)

英文名:Pied Avocet

形态特征:眼、前额、头顶、枕和颈上部绒黑色或黑褐色，形成一个经眼下到后枕，然后弯下后颈的黑色帽状斑。其余颈部、背、腰、尾上覆羽和整个下体白色。有的个体上背缀有灰色。肩和翕两侧黑色。尾白色,末端灰色,中央尾羽常缀灰色。

生活习性：常单独或成对活动和觅食，但栖息时却喜成群。有时群集达数万只。特别是在越冬地和迁徙季节。常活动在水边浅水处,步履缓慢而稳健,边走边啄食。

鸥形目 Lariformes

鸥科 Laridae

普通燕鸥(*Sterna hirundo*)

英文名:Common Tern

形态特征:体型略小(35 厘米)、头顶黑色的燕鸥。尾深叉型。繁殖期:整个头顶黑色,胸灰色。非繁殖期:上翼及背灰色,尾上覆羽、腰及尾白色,额白,头顶具黑色及白色杂斑,颈背最黑,下体白。

叫声:沙哑的降调 keerar 声。

生活习性:内陆淡水区,飞行有力,从高处冲下取食。

银鸥(*Larus argentatus*)

英文名:Herring Gull

俗名:淡红脚鸥、黄腿鸥、鱼鹰子

形态特征: 银鸥复合体中体大(64 厘米)的浅灰色鸥。腿淡粉红色,上体浅灰。冬鸟头及颈具纵纹。三级飞羽的白色月牙形宽,但肩部月牙较窄。外形厚重,胸深,嘴厚,前额长缓而下,头顶平坦,外貌看似凶狠。

叫声:响亮的 kleow 叫声,klaow-klaow-kla-ow 的大叫及短促的 ge-ge-ge。

生活习性:松散的群栖性。内陆水域及垃圾成堆等地方的凶猛而识时的清道夫。

白额燕鸥(*Sterna albifrons*)

英文名:Little Tern

形态特征:体长约 46 厘米。夏羽头顶、颈背及贯眼纹黑色,额白。冬羽头顶及颈背地黑色减少至月牙形。成鸟夏羽:自上嘴基沿眼先上方达眼和头顶前部的额为白色,头顶至枕及后颈均黑色;背、肩、腰淡灰色,尾上覆羽和尾羽白色。

生活习性: 栖居于海边沙滩、湖泊、河流、沼泽等内陆水域附近的草丛。已被列入世界自然保护联盟鸟类红色名录。

红嘴鸥(*Larus ridibundus*)

英文名:Common Black-headed Gull

俗名:赤嘴鸥、水鸽子、笑鸥

形态特征:中等体型(40 厘米)的灰色及白色鸥。眼后具黑色点斑(冬季),嘴及脚红色,深巧克力褐色的头罩延伸至顶后,于繁殖期延至白色的后颈。翼前缘白色,翼尖的黑色并不长,翼尖无或微具白色点斑。

叫声:沙哑的 kwar 叫声。

生活习性:于陆地时,停栖于水面或地上。已被列入世界自然保护联盟(IUCN)鸟类红皮书。

渔鸥(*Larus ichthyaetus*)

英文名:Great Black-headed Gull

形态特征:夏羽头黑色,眼上下具白色斑。后颈、腰、尾上覆羽和尾白色。背、肩、翅上覆羽淡灰色,肩羽具白色尖端。初级飞羽白色,具黑色亚端斑;内侧 3 枚初级飞羽灰色。第 1~2 枚初级飞羽外侧黑色。次级飞羽灰色,具白色端斑,下体白色。

叫声:粗哑叫声似鸦

生活习性:为夏候鸟和旅鸟,春季于 3~4 月迁入,秋季于 9~11 月迁离,主要以鱼为食。

鸥嘴噪鸥(*Gelochelidon nilotica*)

英文名:Gull-billed Tern

形态特征:夏羽额、头顶、枕和头的两侧从眼和耳羽以上黑色。背、肩、腰和翅上覆羽珠灰色。后颈、尾上覆羽和尾白色,中央一对尾羽珠灰色。尾呈深叉状。初级飞羽银灰色,羽轴白色,内侧沿着羽轴暗灰色,尖端较暗。

生活习性:单独或成小群活动。常出入于河口及湖边沙滩和泥地。

鸽形目 Columbiformes

沙鸡科 Pteroclididae

毛腿沙鸡(*Syrrhaptes paradoxus*)

英文名:Pallas' sand grouse

别名:沙鸡、沙半斤

形态特征:尾羽形延长,上体具浓密黑色杂点,脸侧有橙黄色斑纹,腹部具特征性的黑色斑块。雄鸟胸部浅灰,无纵纹,黑色的细小横斑形成胸带。雌鸟喉具狭窄黑色横纹,颈侧具细点斑。

叫声:群鸟发出 kirik 或 cu-ruu cu-ruu cu-ou-ruu 声。

生活习性:栖于草地半荒漠。

鸠鸽科 Columbidae

岩鸽(*Columba rupestris*)

英文名:Blue Hill Pigeon

别称:野鸽子、横纹尾石鸽、山石鸽

形态特征:雄鸟头、颈和上胸为石板蓝灰色,颈和上胸缀金属铜绿色,并极富光泽,颈后缘和胸上部还具紫红色光泽,形成颈圈状。上背和两肩大部呈为灰色,翅上覆羽浅石板灰色,内侧飞羽和大覆羽具两道不完全的黑色横带。

生活习性:常成群活动。多结成小群到山谷和平原田野上觅食。

灰斑鸠(*Streptopelia decaocto*)

英文名:Collared Turtle Dove

形态特征:额和头顶前部灰色,向后逐渐转为浅粉红灰色。后颈基处有一道半月形黑色领环,其前后缘均为灰白色或白色,使黑色领环衬托得更为醒目。背、腰、两肩和翅上小覆羽均为淡葡萄色,其余翅上覆羽淡灰色或蓝灰色,飞羽黑褐色,内侧初级飞羽沾灰。尾上覆羽也为淡葡萄灰褐色,较长的数枚尾上覆羽沾灰,中央尾羽葡萄灰褐色。

叫声:“咕咕-咕”。

生活习性:成年灰斑鸠在树上筑巢。

鸮形目 Strigiformes

鸱鸮科 Strigidae

雕鸮(*Bubo Bubo*)

英文名:Eurasian Eagle Owl

俗名:大猫头鹰、猫头鹰、夜猫

形态特征:面盘显著,眼的上方有一个大形黑斑。头顶为黑褐色,羽缘为棕白色,并杂以黑色波状细斑。耳羽特别发达,显著突出于头顶两侧。通体的羽毛黄褐色,而具有黑色的斑点和纵纹。

生活习性:白天多躲藏在密林中栖息,以各种鼠类为食。国家Ⅱ级重点保护野生动物。

纵纹腹小鸮(*Athene noctua*)

英文名:Little Owl

俗名:鵵怪、小猫头鹰、小鸮

形态特征:头顶平,眼亮黄而长凝。浅色的平眉及宽阔的白色髭纹使其看似狰狞。上体褐色,具白色纵纹及点斑。下体白色,具褐色杂斑及纵纹。肩上有两道白色或皮黄色的横斑。

叫声:拖长的上升 goooek 声,也发出响亮刺耳的 keeoo 或 piu 声。告警时作尖厉的 kyitt,kyitt 声。

生活习性:栖息于山林及荒漠。主要以鼠类为食。国家Ⅱ级重点保护野生动物。

长耳鸮(*Asio otus*)

英文名:Long-eared Owl

俗名:长耳猫头鹰、长耳木兔

形态特征:中等体型的鸮鸟。皮黄色圆圆面庞缘以褐色及白色,具两只长长的“耳朵”。眼红黄色,显呆滞。嘴以上的面庞中央部位具明显白色X图形。上体褐色,具暗色块斑及皮黄色和白色的点斑。下体皮黄色,具棕色杂纹及褐色纵纹或斑块。

生活习性:旅鸟,9月至11月可见。栖息于庭院中高大的树上。国家Ⅱ级重点保护野生动物。

红角鸮(*Otus scops*)

英文名:Scops Owl

俗名:夜猫子、猫头鹰、夜食鹰

形态特征:体小的“有耳”型角鸮,全长177~200毫米,体重75克,嘴峰18毫米,翼长140毫米,尾长62毫米,跗趾25毫米。眼黄色,体羽多纵纹,有棕色型和灰色型之分。虹膜黄色;嘴角质暗绿色,先端近黄色;趾灰色爪灰黄色。

叫声:单调的chook声,约3秒重复一次,声似蟾鸣。

生活习性:夏候鸟。栖息于山地、疏林地带,树洞营巢,食鼠、虫,为益鸟。国家Ⅱ级重点保护野生动物。

雨燕目 Apodiformes

雨燕科 Apodidae

楼燕(*Apus apus*)

英文名:Common Swift

俗名:褐雨燕、麻燕、野燕

形态特征:体大(21 厘米)的雨燕尾略叉开,特征为白色的喉及胸部为一道深褐色的横带所隔开。两翼相当宽。

叫声:不如普通楼燕叫声刺耳,为 chit rit rit rit rit it it itititit chet et et et et。

生活习性:栖于多山地区。振翅频率相对较慢。

佛法僧目 Coraciiformes

戴胜科 Upupidae

戴胜(*Upupa epops*)

英文名:Eurasian Hoopoe

俗名:臭姑姑、鸡冠鸟、屎咕咕

形态特征:中等体型(30 厘米)、色彩鲜明的鸟类。具长而尖黑的耸立型粉棕色丝状冠羽。头、上背、肩及下体粉棕,两翼及尾具黑白相间的条纹。嘴长且下弯。

叫声:低柔 hoop-hoop hoop。

生活习性:在地面翻动寻找食物。有警情时冠羽立起。

翠鸟科 Alcedinidae

蓝翡翠(*Halcyon pileata*)

英文名:Black-capped Kingfisher

形态特征:以蓝色及黑色为主,以头黑为特征,翼上覆羽黑色,上体其余为亮丽华贵的蓝紫色。额、头顶、头侧和枕部黑色,后颈白色,向两侧延伸与喉胸部白色相连,形成一宽阔的白色领环。眼下有一白色斑。背、腰和尾上覆羽钴蓝色,尾亦为钴蓝色,羽轴黑色。翅上覆羽黑色,形成一大块黑斑。

生活习性:主要是留鸟,部分为夏候鸟,食鱼和昆虫。

普通翠鸟(*Alcedo atthis*)

英文名:Common Kingfisher

别称:鱼虎、钓鱼翁、大翠鸟

形态特征:上体金属浅蓝绿色,体羽艳丽而具光辉,头顶布满暗蓝绿色和艳翠蓝色细斑。眼下和耳后颈侧白色,体背灰翠蓝色,肩和翅暗绿蓝色,翅上杂有翠蓝色斑。喉部白色,胸部以下呈鲜明的栗棕色。颈侧具白色点斑;下体橙棕色,颏白。橘黄色条带横贯眼部及耳羽为该种区别于蓝耳翠鸟及斑头大翠鸟的识别特征。

生活习性:主要栖息于水边,常单独活动。

䴕形目 Piciformes

啄木鸟科 Picidae

蚁䴕(*Jynx torquilla*)

英文名:Eurasian Wryneck

俗名:地啄木、蛇皮鸟、歪脖

形态特征:灰褐色啄木鸟。体羽斑驳杂乱,下体具小横斑。嘴相对形短,呈圆锥形。就啄木鸟而言,其尾较长,具不明显的横斑。

叫声:teee-teee-teee-teee

生活习性:蚁䴕栖于树枝而不攀树,也不錾啄树干取食。人近时头往两侧扭动。取食地面蚂蚁。喜灌丛。

大斑啄木鸟(*Dendrocopos major*)

英文名:Greater Pied Woodpecker

形态特征:雄鸟额棕白色,眼先、眉、颊和耳羽白色,头顶黑色而具蓝色光泽,枕具一灰红色斑,后枕具一窄的黑色横带。后颈及颈两侧白色,形成一白色领圈。肩白色,背灰黑色,腰黑褐色而具白色端斑;两翅黑色,翼缘白色,飞羽内翈均具方形或近方形白色块斑,翅内侧中覆羽和大覆羽白色,在翅内侧形成一近圆形大白斑。

叫声:jen-jen-

生活习性:常单独或成对活动,繁殖后期则成松散的家族群活动,多在树干和粗枝上活动。

雀形目　Passeriformes

百灵科　Aiaudidae

蒙古百灵(*Melanocorypha mongolica*)

英文名:Mongolian Lark

俗名:蒙古鹨

形态特征:体大(18 厘米)的锈褐色百灵,胸具一道黑色横纹,下体白色。头部图纹为浅黄褐色的顶冠缘以栗色外圈,下有白色眉纹伸至颈背,在栗色的后颈环上相接。栗色的翼覆羽于白色的次级飞羽和黑色初级飞羽之上而成对比性的翼上图纹。

生活习性:栖于草地。

凤头百灵(*Galerida cristata*)

英文名:Crested Lark

形态特征:体型略大(18 厘米)的具褐色纵纹的百灵。冠羽长而窄。上体沙褐而具近黑色纵纹,尾覆羽皮黄色。下体浅皮黄,胸密布近黑色纵纹。看似矮墩而尾短,嘴略长而下弯。飞行时两翼宽,翼下锈色;尾深褐而两侧黄褐。

叫声:升空时作清晰的 du-ee 及笛音 ee 或 uu。

生活习性:栖于干燥平原、半荒漠及农耕地。

燕科　Hirundinidae

灰沙燕（*Riparia riparia*）

英文名：Sand Martin

俗名：沙燕、土燕、燕子

形态特征：体小（12 厘米）的褐色燕。下体白色并具一道特征性的褐色胸带。亚成鸟喉皮黄色。虹膜褐色；嘴及脚黑色。

叫声：唧喳尖声。

生活习性：生活于沼泽及河流之上，在水上疾掠而过或停栖于突出树枝。

家燕（*Hirundo rustica*）

英文名：Barn Swallow

俗名：观音燕、燕子、拙燕

形态特征：上体钢蓝色；胸偏红而具一道蓝色胸带，腹白；尾甚长，近端处具白色点斑。与洋斑燕的区别在腹部为较纯净的白色，尾形长，并具蓝色胸带。亚成鸟体羽色暗，尾无延长，易与洋斑燕混淆。

叫声：高音 twit 及嘁嘁喳喳叫声。

生活习性：在高空滑翔及盘旋，或低飞于地面或水面捕捉小昆虫。降落在枯树枝、柱子及电线上。

鹡鸰科　Motacillidae

灰鹡鸰(*Motacilla cinerea*)

英文名:Grey Wagtail

俗名:黄鸰、灰鸰、马兰花儿

形态特征:中等体型(19厘米)而尾长的偏灰色鹡鸰。腰黄绿色,下体黄。与黄鹡鸰的区别在上背灰色,飞行时白色翼斑和黄色的腰显现,且尾较长。成鸟下体黄,亚成鸟偏白。

叫声:飞行时发出尖锐的tzit-zee声或生硬的单音tzit。

生活习性:在潮湿砾石或沙地觅食,也于最高山脉的高山草甸上活动。

黄头鹡鸰(*Motacilla citreola*)

英文名:Citrine Wagtail

形态特征:体型略小(18厘米)的鹡鸰。头及下体艳黄色。诸亚种上体的色彩不一。亚种citreola背及两翼灰色;werae背部灰色较淡;calcarata背及两翼黑。具两道白色翼斑,雌鸟头顶及脸颊灰色。与黄鹡鸰的区别在背灰色。亚成鸟暗淡白色取代成鸟的黄色。

叫声:喘息声tsweep,不如灰鹡鸰或黄鹡鸰的沙哑。

生活习性:喜沼泽草甸、苔原带及柳树丛。

白鹡鸰(*Motacilla alba*)

英文名:White Wagtail

俗名:白颊鹡鸰、眼纹鹡鸰

形态特征:中等体型(20 厘米)的黑、灰及白色鹡鸰。体羽上体灰色,下体白,两翼及尾黑白相间。冬季头后、颈背及胸具黑色斑纹但不如繁殖期扩展。黑色的多少随亚种而异。亚种 dukhunensis 及 ocularis 的颏及喉黑色,baicalensis 颏及喉灰色,其余白色。亚种 ocularis 有黑色贯眼纹。

叫声:清晰的 chissick 声。

生活习性:栖于近水的开阔地带、稻田及道路上。

水鹨(*Anthus spinoletta*)

英文名:Water Pipit

形态特征:中等体型(15 厘米)的偏灰色而具纵纹的鹨。眉纹显著。繁殖期下体粉红而几无纵纹,眉纹粉红。非繁殖期粉皮黄色的粗眉线明显,背灰而具黑色粗纵纹,胸及两胁具浓密的黑色点斑或纵纹。在手中时,柠檬黄色的小翼羽为本种特征。

叫声:柔弱的 seep-seep 叫声。炫耀飞行时鸣声为 tit-tit-tit-tit-tit teedle teedle。

生活习性:通常藏隐于近溪流处。较多数鹨姿势平。

粉红胸鹨(*Anthus roseatus*)

英文名:Rosy Pipit

形态特征:中等体型(15 厘米)的偏灰色而具纵纹的鹨。眉纹显著。繁殖期下体粉红而几无纵纹,眉纹粉红。非繁殖期粉皮黄色的粗眉线明显,背灰而具黑色粗纵纹,胸及两胁具浓密的黑色点斑或纵纹。在手中时,柠檬黄色的小翼羽为本种特征。

叫声:柔弱的 seep-seep 叫声。炫耀飞行时鸣声为 tit-tit-tit-tit-tit teedle teedle。

生活习性:通常藏隐于近溪流处。较多数鹨姿势平。

黑背鹡鸰(*Motacilla lugens*)

英文名:White Wagtail

形态特征:额和头顶前部、头侧、颈侧均为白色,头顶后侧至腰均为黑色。飞羽黑色。翅上小覆羽灰色或黑色,中覆羽、大覆羽白色或尖端白色,在翅上形成明显的白色翅斑。尾长而窄,尾羽黑色,最外两对尾羽主要为白色。下体除胸为黑色外,其余全为白色,和白鹡鸰普通亚种相似,但有黑色贯眼纹。

生活习性:栖于近水的开阔地带、稻田、溪流边及道路上。受惊扰时飞行骤降并发出示警叫声。

伯劳科 Laniidae

长尾灰伯劳（*Lanius sphenocercus*）

英文名：Chinese Grey Shrike

别名：楔尾伯劳

形态特征：额羽棕白；眼先、颊、耳羽等均黑色；眉白；上体灰色；中央3对尾羽大都黑色，末端白，外侧3对尾羽纯白；两翅大都黑褐色，飞羽基本具一道白色带斑，内侧腹羽和飞羽的羽端大都缀以白色；下体白色。

生活习性：喜栖息于农耕地、灌丛，也常见立于林冠、电杆、电线上。属于农林益鸟。

鸦科 Corvidae

喜鹊（*Pica pica*）

英文名：Black-billed Magpie

俗名：干鹊、客鹊、鹊鸟

形态特征：体略小（45厘米）的鹊。具黑色的长尾，两翼及尾黑色并具蓝色辉光。虹膜褐色；嘴黑色；脚黑色。

叫声：响亮粗哑的嘎嘎声。

生活习性：适应性强。多从地面取食，几乎什么都吃。结小群活动。巢为胡乱堆搭的拱圆形树棍，经年不变。

灰喜鹊(*Cyanopica cyana*)

英文名：Azure-winged Magpie

别称：山喜鹊、蓝鹊、长尾鹊

形态特征：前额到颈项和颊部黑色闪淡蓝或淡紫蓝色光辉；喉白，向颈侧和向下到胸和腹部的羽色逐渐由淡黄白转为淡灰色；翕部和背部淡银灰到淡黄灰色，腰部和尾上覆羽逐渐转浅淡。翅淡天蓝色，最外侧两枚初级飞羽淡黑色。

生活习性：我国最著名的益鸟之一，是平原和低山鸟类。

达乌里寒鸦(*Corvus monedula*)

英文名:Daurian Jackdaw

别称：慈鸦、白脖寒鸦、白腹寒鸦

形态特征：雌雄羽色相似，额、头顶、头侧、颏、喉黑色具蓝紫色金属光泽。后头、耳羽杂有白色细纹，后颈、颈侧、上背、胸、腹灰白色或白色，其余体羽黑色具紫蓝色金属光泽。肛羽具白色羽缘。背、肩、翅、尾深褐至黑褐色，领圈苍白色。下体褐色至浅褐色，各羽羽端缀白色羽缘。

生活习性：常在林缘、农田、牧场处活动，晚上多栖于附近树上。主要在地上觅食，有时跟在犁头后啄食。

大嘴乌鸦(*Corvus macrorhynchus*)

英文名:Large-billed Crow

俗名:老鸦、三荷、乌鸦

形态特征:体大(50 厘米)的闪光黑色鸦。嘴甚粗厚。比渡鸦体小而尾较平。与小嘴乌鸦的区别在嘴粗厚而尾圆,头顶更显拱圆形。虹膜褐色;嘴黑色;脚黑色。

叫声:粗哑的喉音 kaw 及高音的 awa,awa,awa 声;也作低沉的咯咯声。

生活习性:成对生活,喜栖于村庄周围。

鹟科 Muscicapidac

鸫亚科 Turdinae

红点颏(*Luscinia calliope*)

英文名:Siberian Rubythroat

俗名:红点儿

形态特征:雄鸟具有赤红色的颏和喉,其上体纯橄榄绿色,头顶和额微着棕褐色泽,各羽中央略为黑褐色;两翅和尾转为暗褐色;眉纹白,自嘴基直伸至眼后不远处;胸呈灰色。雌鸟颏和喉不呈赤红色,呈白色;胸砂褐色;颊暗褐色杂以棕白色细斑。

叫声:偶叫“chi-wi”。

生活习性:常在芦苇间跳跃,多食昆虫。

沙䳭(*Oenanthe isabellina*)

英文名:Isabelline Wheatear

形态特征:体大(16 厘米)而嘴偏长的沙褐色䳭。色平淡而略偏粉且无黑色脸罩,翼较多数其他䳭种色浅,尾比秋季的穗䳭为黑。雄雌同色,但雄鸟眼先较黑,眉纹及眼圈苍白。与雌漠䳭的区别在身体较扁圆而显头大、腿长,翼覆羽较少黑色,腰及尾基部更白。幼鸟上体具浅色点斑,胸羽羽缘暗黑。虹膜深褐;嘴黑色;脚黑色。

生活习性:活动于有矮树丛的多沙荒漠。

漠䳭(*Oenanthe deserti*)

英文名:Desert Wheatear

形态特征:体型略小(14~15.5 厘米)的沙黄色䳭。尾黑,翼近黑。雄鸟脸侧、颈及喉黑色。雌鸟头侧近黑,但颏及喉白色,翼较雌穗䳭为黑。南方的亚种 oreophila 比北方的亚种 atrogularis 体型大。飞行时尾几乎全黑而有别于所有其他种类的䳭。

叫声:告警时 chrt-tt-tt 声。雄鸟鸣声为重复的哀怨下降颤音 teee-ti-ti-ti。

生活习性:较沙䳭喜多石的荒漠及荒地。常栖于低矮植被。甚惧生。

白背矶鸫（*Monticola saxatilis*）

英文名：Rufous-tailed Rock-Thrush

形态特征：体型略小（19 厘米）的矶鸫。具两种色型。夏季雄鸟：与栗腹矶鸫的区别在缺少黑色脸罩，背白，翼偏褐，尾栗，中央尾羽蓝。冬季雄鸟体羽黑色，羽缘白色成扇贝形斑纹。雌鸟比蓝矶鸫雌鸟色浅，上体具浅色点斑，且尾赤褐似雄鸟。

叫声：清晰的 diu a chak 及似伯劳的轻柔串音 ks-chrrr。

生活习性：常栖于突出岩石或裸露树顶。

紫啸鸫（*Myiophoneus caeruleus*）

英文名：Blue Whistling-Thrush

俗名：黑雀儿，山鸣鸡，乌精

形态特征：体大（32 厘米）的近黑色啸鸫。通体蓝黑色，仅翼覆羽具少量的浅色点斑。翼及尾沾紫色闪辉，头及颈部的羽尖具闪光小羽片。诸亚种于细部上有异。指名亚种嘴黑色；temminckii 及 eugenei 嘴黄色；temminckii 中覆羽羽尖白色。

叫声：笛音鸣声及模仿其他鸟的叫声。告警时发出尖厉高音 eer-ee-ee，似燕尾。

生活习性：栖于临河流、密林中的多岩石露出处。

虎斑地鸫(*Zoothera dauma*)

英文名:Scaly Thrush

俗名:顿鸡

形态特征:体大(28 厘米)并具粗大的褐色鳞状斑纹的地鸫。上体褐色,下体白,黑色及金皮黄色的羽缘使其通体满布鳞状斑纹。虹膜褐色;嘴深褐;脚带粉色。

叫声:轻柔而单调的哨音及短促单薄的 tzeet 声。指名亚种鸣声多变,为缓慢断续的 chirrup … chwee … chueu … weep … chirrol … chup…

生活习性:栖居茂密森林,于森林地面取食。

白腹鸫(*Turdus pallidus*)

英文名:Pale Thrush

形态特征:中等体型(24 厘米)的褐色鸫。腹部及臀白色。雄鸟头及喉灰褐,雌鸟头褐色,喉偏白而略具细纹。翼衬灰或白色。似赤胸鸫但胸及两胁褐灰而非黄褐,外侧两枚尾羽的羽端白色甚宽。与褐头鸫的区别在缺少浅色的眉纹。

叫声:似赤胸鸫的 chuck-chuck 声。告警时发出粗哑连嘟声,受驱赶时发出高音的 tzee。

生活习性:性羞怯,藏匿于林下。

赤颈鸫（*Turdus ruficollis*）

英文名：Dark-throated Thrush

形态特征：中等体型（25 厘米）的鸫。上体灰褐，腹部及臀纯白，翼衬赤褐。有两个特别的亚种。亚种 ruficollis 的脸、喉及上胸棕色，冬季多白斑，尾羽色浅，羽缘棕色。雌鸟及幼鸟具浅色眉纹，下体多纵纹。

叫声：飞行时的叫声为单薄的 tseep。告警时发出带喉音的咯咯声。

生活习性：成松散群体。有时与其他鸫类混合。在地面时作并足长跳。

斑鸫（*Turdus naumanni*）

英文名：Dusky Thrush

俗名：斑点鸫，穿草鸡，窜儿鸡

形态特征：具明显黑白色图纹的鸫。具浅棕色的翼线和棕色的宽阔翼斑。雄鸟（亚种 eunomus）：耳羽及胸上横纹黑色而与白色的喉、眉纹及臀成对比，下腹部黑色而具白色鳞状斑纹。雌鸟褐色及皮黄色较暗淡，斑纹同雄鸟，下胸黑色点斑。

叫声：尖细叫声 chuck-chuck 或 kwa-kwa-kwa。

生活习性：栖于开阔的多草地带及田野。冬季成大群。

莺亚科 Sylviinae

大苇莺(*Acrocephalus arundinaceus*)

英文名:Great Reed-warbler

形态特征:属小型鸟类,眉纹淡棕黄色;眼褐色;翅褐色具淡棕色的边缘;尾羽亦褐色,但较翅羽的褐色稍浅。顶部是棕色,上体呈黄褐色,腹面淡棕黄色,两胁较深,腹部中央转为乳白色。雌雄两性羽色相似。

生活习性:常栖匿于河边或湖畔的苇丛间,有时也飞至附近的树上。

山雀科 Paridae

大山雀(*Parus major*)

英文名:Great Tit

俗名:白脸山雀,灰山雀 山子

形态特征:体大(14 厘米)而结实的黑、灰及白色山雀。头及喉辉黑,与脸侧白斑及颈背块斑成强对比;翼上具一道醒目的白色条纹,一道黑色带沿胸中央而下。雄鸟胸带较宽。

叫声: 鸣声为哨音 chee-weet 或 chee-chee-choo。

生活习性:常光顾林园及开阔林。性活跃,多技能,时在树顶时在地面。

银脸长尾山雀(*Aegithalos fuliginosus*)

英文名:Sooty Tit

形态特征:体小(12厘米)的山雀。灰色的喉与白色上胸对比而成项纹;顶冠两侧及脸银灰,颈背皮黄褐色,头顶及上体褐色;尾褐色而侧缘白色,具灰褐色领环,两胁棕色;下体余部白色。幼鸟色浅,额及顶冠纹白色。虹膜黄色;嘴黑色;脚偏粉色至近黑。

叫声:银铃般高音 si-si-si,si-si;啭音 sirrrup 及生硬的 chrrrr 嘟叫声。

生活习性:群栖于落叶阔叶林及多荆棘的栎树林。

雀科 Fringillidae

金翅(*Carduelis sinica*)

英文名:Grey-capped Greenfinch

俗名:黄弹鸟、黄楠鸟、芦花黄雀

形态特征:具宽阔的黄色翼斑。成体雄鸟顶冠及颈背灰色,背纯褐色,翼斑、外侧尾羽基部及臀黄。雌鸟色暗,幼鸟色淡。与黑头金翅雀的区别为头无深色图纹,体羽褐色较暖,尾呈叉形。

叫声:有特殊的啾啾飞行叫声 dzi-dzi-i-dzi-i 及带鼻音的 dzweee 声。

生活习性:栖于灌丛、旷野、人工林、林园及林缘地带。

文鸟科 Ploceidae

树麻雀(*Passer montanus*)

英文名:Eurasian Tree Sparrow

俗名:禾雀、家雀、麻谷

形态特征:顶冠及颈背褐色,两性同色。成鸟上体近褐,下体皮黄灰色,颈背具完整的灰白色领环。与家麻雀及山麻雀的区别在脸颊具明显黑色点斑且喉部黑色较少。

叫声:cheep cheep 或金属音的 tzooit 声。

生活习性: 栖于有稀疏树木的地区、村庄及农田并为害农作物。

石雀(*Petronia petronia*)

英文名:Rock Sparrow

北方亚种 P.p.Brevirostrie

形态特征:中等体型(15 厘米)的矮扁形麻雀。具深色的侧冠纹,眉纹色浅,眼后有深色条纹。雄雌同色。头部图纹甚为特别。飞行时比家麻雀显得尾短而翼基部较宽。亚种 brevirostris 体型较小,头部图纹不甚清楚且嘴短而厚。

叫声: 唧唧叫及金属音的 vi-veep 和 cheeooee 声。

生活习性:结大群栖居且常与家麻雀在一起。

鱼　纲 Pisces

鲤形目　Cypriniformes

鳅科　Cobitidas

花鳅亚科　Cobitinae

泥鳅(*Misgurnus anguillicaudatus*)

形态特征:体细长,前段略呈圆筒形,后部侧扁,腹部圆。头小,眼小,无眼下刺。口小、下位、马蹄形,须 5 对。体背部及两侧灰黑色,全体有许多小的黑斑点。

生活习性:泥鳅喜欢栖息于静水的底层,常出没于湖泊、池塘、沟渠和水田底部。

北方花鳅(*Cobitis granoei*)

俗名:扁担钩,花泥鳅,水长虫

形态特征:腹鳍基部起点约与背鳍起点相对。鳔前室包于骨囊内,后室退化。肠管长度不及体长。尾鳍基部上侧具一明显斑点。体背及体侧沿中线各具 13~17 个大斑。

生活习性:小型鱼类,生活于砂砾底质的沟渠缓流或水质较肥多水草的静水环境,以藻类和高等植物碎屑为食。体表斑点显著,是较好的观赏鱼类。

条鳅亚科　Noemacheilinae

达里湖高原鳅(*Triplophysa dalaica*)

别名:后鳍条鳅

形态特征:身体延长,粗壮,前驱呈圆筒形,后驱侧扁,尾柄较高,至尾鳍方向几乎高度不变。头部稍平扁,头宽大于头高。吻长等于或稍大于眼后头长。口下位,唇厚,上唇边缘有流苏状的短乳头状突起,下唇多短乳头状突起和深皱褶。下颌匙状,边缘露出或不露出。

生活习性:常栖息于河流和静水的湖泊中。主要以桡足类、硅藻类和植物等为食。

鲤科　Cyprinidae

雅罗鱼亚科　Leuciscinae

草鱼(*Ctenopharyngodon idellus*)

俗名:鲩、油鲩、草鲩、白鲩、黑青鱼

形态特征:体略呈圆筒形,头部稍平扁,尾部侧扁;口呈弧形,无须;上颌略长于下颌;体呈浅茶黄色,背部青灰,腹部灰白,胸、腹鳍略带灰黄,其他各鳍浅灰色。因生长迅速,饲料源广,是淡水养殖的四大家鱼之一。

生活习性:栖居于水域的中、下层和近岸多水草区域。常成群觅食,性贪食。

瓦氏雅罗鱼(*Leuciscus waleckii*)

俗名:华子鱼,滑鱼,白鱼,沙包

形态特征:体长,侧扁,腹圆,无腹棱,吻端钝,稍隆起。口端位,上颌略长于下颌,上颌骨后延至眼前缘下方。唇薄,无角质边缘,无须。眼较大,鳞中等大,侧线完全,微向腹面弯下,向后延至尾柄正中轴。背鳍无硬刺。体背部灰褐色,腹部银白色;鳞片基部有明显的放射线纹,后缘灰色;各鳍灰白色,胸鳍、腹鳍和臀鳍。

生活习性:一般栖息于水域的中上层,半咸水湖泊也可生活,静水中少见。杂食性。

鲢亚科 Hypophthalmichthyinae

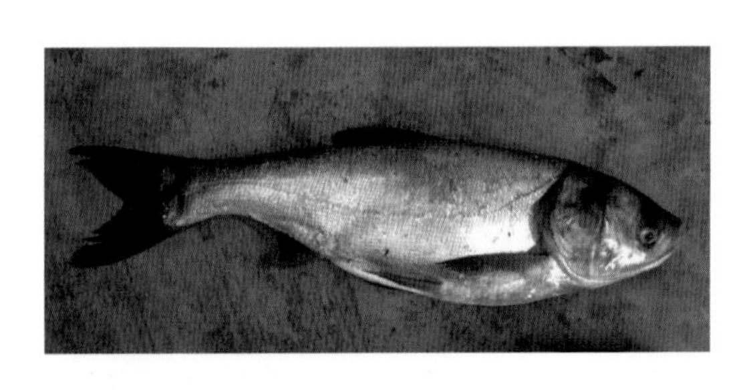

白鲢(*Hypophthalmichthys molitrix*)

俗名:水鲢、跳鲢、鲢子

形态特征:体侧扁,头较大。口阔,端位,下颌稍向上斜。鳃耙特化,彼此联合成多孔的膜质片。口咽腔上部有螺形的鳃上器官。眼小,位置偏低,无须。自喉部至肛门间有发达的皮质腹棱。胸鳍末端仅伸至腹鳍起点或稍后。体银白,各鳍灰白色。

生活习性:有逆流而上的生活习性,但行动不是很敏捷,比较笨拙。喜肥水。

鮈亚科　Gobioninae

棒花鱼(*Abbottina rivularis*)

俗名:爬虎鱼、猪头鱼、稻烧蜞、花里棒子、老头鱼

形态特征:体长,稍侧扁。头较短,吻短,前端圆钝。眼小,侧上位,眼间宽平。背鳍无硬刺,胸鳍圆钝,均较短。尾鳍叉型。头背部稍黑,体侧具一不明显的纵纹,其上有 9~11 个黑点斑块, 背部也具 8~11 个黑色斑块。背部自背鳍起点至尾基有 5 个黑色大斑。

生活习性:小型鱼类,生活在静水或流水的底层,主食无脊椎动物。

鲤亚科　Cyprinidae

鲤鱼(*Cyprinus carpio*)

俗名:鲤拐子、鲤子

形态特征:鳞大,上腭两侧各有二须,杂食性,掘寻食物时常把水搅浑,增大混浊度,对动植物有不利影响。

生活习性:属于底栖杂食性鱼类,荤素兼食。饵谱广泛,吻骨发达,常拱泥摄食。是低等变温动物, 体温随水温变化而变化,无须靠消耗能量以维持恒定体温,所以需饵摄食总量并不大。属于无胃鱼种,故摄食生活习性为少吃勤食。

鲫鱼(*Carassivs auratus*)

别名:鲋鱼、鲫瓜子、鲫皮子、肚米鱼

形态特征:体长15~20厘米。呈流线型(也叫梭型),体高而侧扁,前半部弧形,背部轮廓隆起,尾柄宽;腹部圆形,无肉棱。头短小,吻钝。无须。腹部为浅白色,背部为深灰色。

生活习性:淡水,杂食性鱼,体态丰腴,喜欢群集而行。

经济或药用价值:药用价值极高,其性味甘、平、温,入胃、肾,具有和中补虚、除湿利水、补虚羸、温胃进食、补中生气之功效。

鲶形目 Siluriformes

鲶科 Siluridae

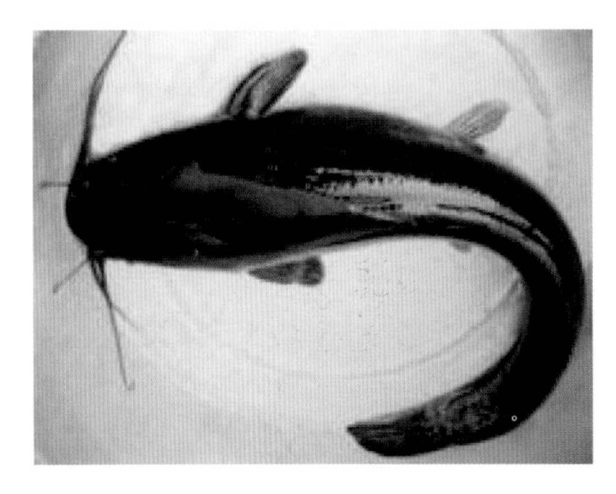

鲶(*Silurus asotus*)

俗名:鲶巴郎

形态特征:体长,头部平扁,头后侧扁。口阔,上位,下颌突出。上下颌及犁骨上有许多绒毛状细齿,胸鳍有一根硬刺。成鱼须2对。

生活习性:栖息于江河和湖泊的中下层,白天多隐蔽。

经济或药用价值:水肿病人利尿;熬汤可催乳;也可治疗黄胆、肺病、心脏病、阴疮、肛痛、瘘疮等。

两栖纲 **Amphibia**

无尾目 **Anura**

蟾蜍科 Bufonidae

花背蟾蜍(*Bufo raddei*)

形态特征:长 6~7cm。雄蟾蜍背面橄榄黄色,皮肤粗糙,密布大小瘰疣,有许多小白刺。雌蟾蜍背面浅绿色,有深褐色花斑,瘰疣稀疏,皮肤较光滑。腹面乳白色,满布扁平小疣。口后有大疣。耳后腺大而扁平。

生活习性:适应性强,白昼隐居,黄昏时出外寻食。冬季集群在沙土中冬眠。

蛙科 Ranidae

黑斑蛙(*Ranani gromaculata*)

俗名:青蛙、田鸡

形态特征:体长约 7~8 厘米,雄性略小,头长略大于头宽。吻钝圆而略尖,吻棱不显。眼间距很窄。前肢短,批端钝尖,后肢较短而肥硕,胫关节前达眼部,趾间几乎为全蹼。皮肤光滑,背面有一对背侧褶,两背侧褶间有 4~6 行不规则的短肤褶。

生活习性:常栖息于稻田、池塘、湖泽、河滨、水沟内或水域附近的草丛中。

爬行纲 Reptilia

有鳞目 Squamata

蜥蜴亚目 Lacertilia

鬣蜥科 Agamidae

草原沙蜥(*Phrynocephalus frontalis*)

形态特征:背部具棱鳞,有对称排列的的暗斑或杂乱色纹。胸腹部和四肢被棱鳞。尾的腹面具黑白相间的环纹,尾尖下方黑色。有腋斑。

生活习性:栖息于草原、荒漠草原、黄土高原等不同地带。以昆虫为食。5月繁殖,卵生。

荒漠沙蜥(*Phrynocephalus przewalskii*)

形态特征:背鳞和腹鳞有强棱,无腋斑。颏、胸、腹部常有黑点所成的斑块。上、下睑缘鳞的游离缘尖出构成锯齿状,鼻孔内有能自主启闭的瓣膜,耳孔及鼓膜均隐于皮肤内。幼蜥腹面黄白色,无黑点或斑块;尾的腹面橘红色,与黑环交错相间,尾梢腹面黑色。

生活习性:是我国西北诸省荒漠中较为典型的优势蜥。体温随环境温度的变化而变化。营穴居生活,食物主要是各类小昆虫,例如蚂蚁、鼠妇、瓢虫、椿象等。

丽斑麻蜥(*Eremias argus*)

俗名:麻蛇子,蛇虫子

形态特征:背部具有眼斑,斑心黄色,周围棕黑色。吻较窄,吻端纯圆;耳孔椭圆形;鼓膜裸露;头背具对称大鳞;额鳞成盾形;顶鳞后缘齐平,略成方形;颊鳞2枚,前小后大;有两枚大的眶上鳞。颈、躯干、四肢背面粒鳞;肩前方两侧和腹面有一明显皮肤皱褶形成的领围;腹鳞较大,平滑,略近方形;尾部有窄长凌鳞排列成环;四肢均具五指、趾。

生活习性:晴天外出活动,阴天少见,雨天不外出。

密点麻蜥(*Eremias multiocellata*)

形态特征:体形细长而略扁平;尾圆柱形,向后渐细,易断,可再生。生活时体背面橄榄棕或灰色,具深色点斑或网纹略呈纵行,体侧和四肢背面具镶以黑边的白色、蓝绿呈黄绿色眼玉,从肩部向后至尾基部两侧的纵行眼斑尤为鲜艳。腹面为黄白色,但在繁殖季节,雄蜥则呈现鲜黄或深黄色,至少在下腹、后肢及尾基部腹面显现。

生活习性:栖息于荒漠草原和荒漠、也可随沙带伸入到干草原局部地区。

蛇亚目 Serpentes

游蛇科 Colubridae

游蛇亚科 Colubrinae

白条锦蛇(*Elaphe dione*)

俗名:黑斑蛇、麻蛇、枕纹锦蛇

形态特征：头背面有深褐色的钟形斑；体背苍灰色或淡褐色,少数棕黄色,其上有3条灰白色纵纹，并有不规则的黑色窄横斑;尾下鳞每片各有一明显的黑点,排列成两行黑线,尾下鳞中浅淡无斑;蛇体圆而细长;头长而略扁,稍宽于颈部,颈较明显;瞳孔圆形。

生活习性:栖于田野、坟堆、草坡、林区、河边。晴天白天和傍晚都出来活动。北方地区10月上旬开始入蛰,次年4月下旬出蛰。

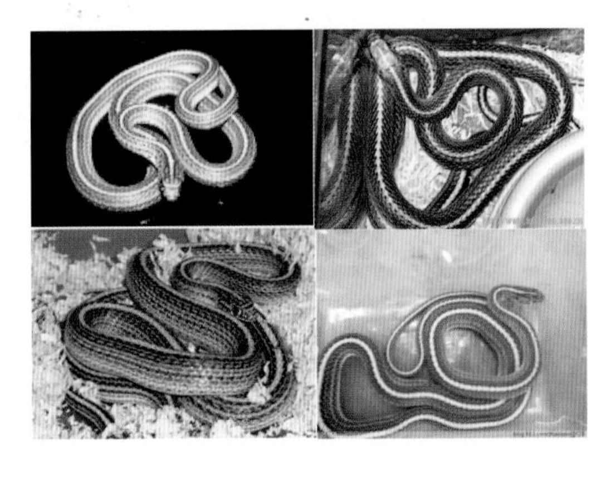

黄脊游蛇(*Coluber spinalis*)

别名:黄脊蛇、白脊蛇、白线蛇

形态特征:中小型蛇类,体形细长,头较长与颈部区分明显。脊背正中有一条镶黑边的黄色纵纹。头背棕色,自额鳞中央及顶鳞沟至脊背正中有一条纵行的1~3枚鳞宽的镶黑边的鲜明黄色纵线直达尾端。体侧面鳞片边缘色黑,缀成几条深色纵线或点线。上唇黄白色,腹面黄白色。

生活习性:生活于平原、丘陵或河流附近,从不主动攻击。无毒蛇。

哺乳纲 Mammalia

食虫目 Insectivora

刺猬科 Erinaceidael

刺猬亚科 Erinaceinae

达乌尔猬(*Hemiechinus dauricus*)

别名:短棘猬,蒙古刺猬

形态特征:体形较小.耳大,棘细而短,与普通刺猬很易识别。基枕骨呈梯形。背部棘刺黑褐色。头顶棘刺不向左右分披,与普通刺猬不同。喉部、胸部、腹部毛色桔黄。

生活习性:小型动物废弃的洞穴为寓。夜间活动。

大耳猬(*Hemiechinus auritus*)

别名:猬鼠,刺球子,毛刺

形态特征:大耳猬,体形较小,体形混圆,体长约 170~230 毫米。耳长为 37~50 毫米,耳尖钝圆,显然长于周围之尖刺。躯体背面覆有硬刺构成的甲胄,由头部耳后方开始,往后一直伸展到尾基部之前。体背部的尖刺为暗褐色与白色相间,也有少数全白色的刺。

生活习性:多栖于农田及荒漠中。穴居,夜间活动。

鼩鼱科 Soricidae

小麝鼩(*Crocidura suaveolens*)

别名:北小麝鼩

形态特征:体长60毫米,尾长40毫米。体型小。体背面包括头部、背部、四肢及尾上面均为褐棕色; 腹面自 下体侧及尾下均为灰棕色。头骨纤细,吻部不长。

生活习性:栖息于森林,草原,荒地等多种环境中。穴居,夜间活动。主要以昆虫,蚯蚓,蜗牛等无脊椎动物为食物。由于体积小,活动量大,日食量超过其自身体重。

蝙蝠科 Vespertilionidae

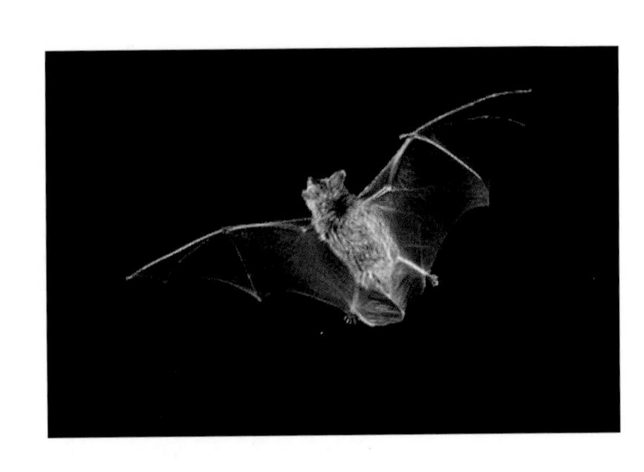

大棕蝠(*Eptesicus serotinus*)

别名:小夜蝠,放棕蝠,蹁蝠,盐老鼠

形态特征:吻部两侧略形鼓凸,体形较北棕蝠大,前臂长49毫米以上;背毛淡黄褐色,正脊毛色较深;外门齿之高度甚小于内门齿之半。

生活习性:夏季栖息在房舍棚顶、阁楼、夹壁墙、木制的水塔等各种不同的隐蔽所里,但不一定只选择建筑物,也栖息于岩隙之中。日落后,夜色苍茫时飞出觅食。

食肉目 Carnivora

犬科 Canidae

赤狐(*Vulpes vulpes*)

俗名:狐,狐狸,草狐,红狐

形态特征:细长的身体,尖尖的嘴巴,大大的耳朵,短小的四肢,身后还拖着一条长长的大尾巴。雌兽体形比雄兽略小。身体背部的毛色多种多样,但典型的毛色是赤褐色,头部一般为灰棕色,耳朵的背面为黑色或黑棕色,腹部为白色或黄色,四肢的颜色比背部略深,尾毛蓬松,尾尖为白色。

生活习性:住处常不固定,而且除了繁殖期和育仔期间外,一般都是独自栖息。通常夜里出来活动,白天隐蔽在洞中睡觉。

沙狐(*Vulpes corsac*)

形态特征:国产狐中最小的一种。形似赤狐,但小于赤狐。额部、头顶、躯体背面、尾基部呈灰褐色。针毛基部近黑色,末端为白色,故体色明显带花白色。背至体侧毛色逐渐变浅,花白不明显。耳背及两腮均呈深棕灰色。四肢外侧呈灰棕色。尾背面为深棕灰色,毛尖黑褐色。

生活习性:见于草原和半荒漠地带。无固定巢穴。白天隐于洞中,黄昏和清晨活动。主要以鼠类为食,亦兼食大型昆虫,蛙、蜥蜴、鸟类及小兽等。

鼬科 Mustelidae

石貂(*Martes foina*)

俗名:扫雪、岩貂

形态特征:石貂的体形极似黄鼬,但较黄鼬大且稍粗壮些。体长500~550毫米。尾长约为体长之半或稍短,呈圆筒状,斜拖,有时可擦及地面。毛色:石貂的毛色通体为深褐色,体侧及腹部的毛色略浅。颏、喉和前胸为乳白色,冬毛较夏毛色浅。

生活习性:穴居,洞深约2米。性凶暴,肉食性。国家Ⅱ级重点保护野生动物。

艾鼬(*Mustela eversmanni*)

别名:艾虎,地狗

形态特征:上唇、鼻周和下唇为白色,眼周和两眼呈棕黑色。被毛暗褐至浅黄褐色,绒毛米黄色。颈部长且粗,尾较短不及体长的1/2。体背面呈浅黄褐色;颈与前背混杂稀疏的黑尖毛,后背及腰部毛尖转为黑色;喉、胸部向后沿腹中线到鼠蹊部均为黑褐色,腹中线两侧乳黄色;四肢、尾部为黑色。

生活习性:常活动于高原的开阔山地、草原。营独栖生活,栖息于荒山草原的自然洞穴中,昼伏夜出。

虎鼬(*Vormela peregusna*)

别名:花地狗、臭狗子

形态特征:体长在29~35厘米之间,尾巴很长,身体为黄色,带有褐色或红色的斑点。雄性体重为320~715克,雌性为295~600克。

生活习性:虎鼬在早晨和傍晚最为活跃。视力较差,主要靠良好的嗅觉和触觉。独居动物,活动范围约为0.5~0.6平方公里。

狗獾(*Meles meles*)

别名:獾、欧亚獾

形态特征:四肢短,耳壳短圆,眼小鼻尖,颈部粗短,前后足的趾均具强有力的黑棕色爪,前爪比后爪长。脊背从头到尾长有长而粗的针毛,颜色是黑棕色与白色混杂。鼻端具有发达的软骨质鼻垫,类似猪鼻;四肢较粗,趾端均生有强而粗的长爪,爪长近似趾长。獾的毛色为黑褐色与白色相杂,头部中央及两侧有三条白色条纹。

生活习性:穴居,昼伏夜出。

药用价值:獾油是治疗烫伤、烧伤的有效药物。

黄鼬(*Mustela sibirica*)

别名:黄鼠狼

形态特征:体形细长,四肢短。颈长、头小,可以钻很狭窄的缝隙。尾长约为体长之半,尾毛蓬松。背部毛棕褐色或棕黄色,吻端和颜面部深褐色,鼻端周围、口角和额部对白色,杂有棕黄色,身体腹面颜色略淡。夏毛颜色较深,冬毛颜色浅淡且带光泽。尾部、四肢与背部同色。肛门腺发达。

生活习性:栖息于山地、平原、河谷、灌丛和草丘中。以臭腺放出臭气自卫。鼬是益兽,它食各种鼠类。

猪獾(*Arctonyx collaris*)

别名:沙獾

形态特征:鼻吻狭长而圆,吻端与猪鼻似。鼻垫与上唇间裸露无毛。耳短圆。通体黑褐色,体背两侧及臀部杂有灰白色。吻浅棕色。颊部黑褐色条纹自吻端通过眼间延伸到耳后,与颈背黑褐色毛汇合。从前额到额顶中央,有一条短宽的白色条纹,其长短因个体变异而多有差异。两颊在眼下各具一条污白色条纹,耳上缘白色。

生活习性:掘洞而居,叫声似猪。视觉差,嗅觉发达。

猫科 Felidae

荒漠猫(*Felis bieti*)

俗名:漠猫

形态特征:体形似家猫,但较家猫大。四足掌面黑棕色长毛,硬而密。毛色:全身背毛为浅棕黄色,背部中央略显红色,具一道棕黄色条纹,头部灰白色,有5条不清楚的条纹,耳基与耳背为淡红色。颊部有两条斜行暗褐色纹,腹部暗黄色。

生活习性:栖息于荒漠及半荒漠草原区,筑巢于灌丛中。国家Ⅱ级重点保护野生动物。

兔狲(*Felis manul*)

俗名:羊猞猁

形态特征:尾粗而圆,吻短,头圆额宽,颜面几乎直立。耳短而圆,眼较小,瞳孔淡绿色。毛色:全身被以密而细软绒毛,绒毛丰厚似毡。背毛较短,腹毛长,体背沙黄色。头部棕灰色,有黑色斑点。眼下内角白色,颊部有两条细纹,耳背红灰色,体腹面和长毛白色。

生活习性:栖息于草原、荒野和山坡地带,筑巢于石缝和石块下。国家Ⅱ级重点保护野生动物。

啮齿目 Rodentia

松鼠科 Sciuridae

达乌里黄鼠(*Citellus dauricus*)

别名:蒙古黄鼠,草原黄鼠

形态特征:脊毛呈深黄色,并带褐黑色。背毛根灰黑尖端黑褐色。颈、腹部为浅白色。后肢外侧如背毛。尾与背毛相同,尾短有不发达的毛束,末端毛有黑白色的环。

生活习性:冬眠动物,一年内只有6个月的活动时间,大部分时间在休眠中度过。

仓鼠科 Cricetidae

鼢鼠亚科 Myospalacinae

中华鼢鼠(*Myospalax fontanierii*)

形态特征:头部扁而宽,吻端平钝,无耳壳,耳孔隐于毛下,眼极细小,因而得名。四肢较短,前肢较后肢粗壮。其第二与第三趾的爪接近等长,呈镰刀形,尾细短,被有稀疏的毛。全身有天鹅绒状的毛被,夏毛背部多呈现锈红色,但毛基仍为灰褐色,腹毛灰黑色,毛尖亦为锈红色,吻上方与两眼间有一较小的淡色区;有些个体的耳部中央有一小白点。

生活习性:中华鼢鼠主要栖息于我国华北、西北各省区,尤其以种植土豆、莜麦和豆类农田中的数量较多。

东方田鼠(*Microtus fortis*)

别名:水耗子,豆杵子

形态特征:尾长为体长的 1/3~1/2,尾被密毛。后足长 22~24 毫米,足掌前部裸露,有 5 枚足垫,而足掌基部被毛,这是与莫氏田鼠相区别的关键特征,后者具 6 枚足垫。背毛黑褐色,其毛基为灰黑色,毛尖暗棕色。体侧毛色较浅。腹毛污白色,毛基为深灰色。背腹毛间分界明显。足背与体背同色。尾部背面黑色,腹面污白色。

生活习性:游泳能力强,可在水中潜行。主要以植物的绿色部分为食。

沙鼠亚科 Gerbillinae

长爪沙鼠(*Meiiones Unguiculatus*)

别名:长爪沙土鼠,蒙古沙鼠

形态特征:背毛棕灰色,腹毛灰白色,耳明显,耳壳前缘有灰白色长毛,内侧顶端有少而短的毛,其系部分裸露。尾上被以密毛,尾端毛较长,形成毛束。爪较长,趾端有弯锥形强爪,适于掘洞,后肢蹠的和掌被以细毛,眼大而圆。

生活习性:喜居于干旱沙质土壤。茂密的白刺、滨藜及小画眉等植物的环境常可成为它们栖息的最适生境。

子午沙鼠（*Meriones meridianus*）

别名：黄耗子、中午沙鼠、午时沙土鼠

形态特征：体长 100~150 毫米，尾长近于体长，耳壳明显突出毛外，向前折可达眼部。体背毛浅棕黄色至沙黄色，基部暗灰色，中段沙黄色，毛尖黑色。腹毛纯白色；尾毛棕黄色或棕色，有的尾下面稍淡或杂生白毛，尾端具毛束。爪基部浅褐色，尖部白色。听孢发达，上门齿前有一纵沟。

生活习性：主要栖息于荒漠或半荒漠地区，有时也见于非地带性的沙地和农区。

仓鼠亚科 Crictinae

小毛足鼠（*Phodopus roborovskii*）

别名：毛脚鼠

形态特征：背部中央不具有黑色条纹，腹毛色纯白，背腹界限清晰，无镶嵌现象；夏毛背部自吻部至尾上方及体侧上部均呈淡驼红色；腹面、体侧的下部与四肢均几乎为纯白色，体侧与背面界限几乎为一条直线，无相互嵌镶现象，眼与耳之间有一片纯白的斑块；耳内侧被白色短毛，外侧毛为灰色，后部为白色；尾及前后足均为白色。

生活习性：在草原中荒漠化或半荒漠化的沙丘为多，芨芨草滩或草甸草原上亦可遇见。夜间活动。

黑线仓鼠(*Cricetulus barabensis*)

别名:花背仓鼠、中华仓鼠、中国地鼠

形态特征:体背中央白头顶至尾基部有一暗色条纹,尾部背面黄褐色,腹面污白色。耳的内外侧披短毛,但有一很窄的白色边缘。胸部、腹部、四肢内侧与足背部的毛均为白色或污白色,与体背毛色界线明显。除足背面以外,毛基均为灰色。头颅圆形,听泡隆起。颧弓不甚外凸,左右近平行。鼻骨窄,前部略膨大,后部较凹,无明显眶上嵴。

灰仓鼠(*Cricetulus migratorius*)

形态特征:它的体长 10~12 厘米,尾长 3~4 厘米。它嘴巴边上的腮帮子有两个特殊的颊囊,上下颚各有一对锐利的牙齿。身体背部体毛为灰色,上黄色或棕黄色,腹面为白色,体侧有明显的界线。尾巴白色。

生活习性:栖息于荒漠,半荒漠,丘陵草原,农田,居民区和高山草甸等地带。善于挖掘洞穴。喜欢把食物藏在腮两边的颊囊里,然后带到安全的地方吐出来,所以得仓鼠之名。

短尾仓鼠(*Cricetulus eversmanni*)

别名:小灰霸,三线鼠,趴趴鼠

形态特征:尾极短,尾之基部很粗,整尾呈楔形。体背自鼻至尾基为沙黄白色,毛基黑灰色,上段沙白色,毛尖褐黄色,且杂少数全黑色长毛;头面部毛色稍浅,眼外侧为纯沙黄白色;体侧下部,腹面、四肢外侧为白色;背腹毛在体侧呈波状嵌镶,界限十分清楚;颏为纯白色;足掌裸露,前后足背面被白毛,耳壳内外侧长有白色短毛;尾毛白色。

生活习性:栖息于多砾石半荒漠和半荒漠的,数量极少,为稀有种。夜间生活,以植物种子和绿色部分为食,亦吃昆虫。

鼠科 Muridae

褐家鼠(*Rattus norvegicus*)

别名:大家鼠,沟鼠

形态特征:是家栖鼠中较大的一种。尾明显短于体长,被毛稀疏,环状鳞片清晰可见,多数体背毛色多呈棕褐色或灰褐色,体侧毛颜色略浅,腹毛灰白色,后足趾间具一些雏形的蹼,耳壳较短圆,耳短而厚,向前翻不到眼睛,头部和背中毛色较深,并杂有部分全黑色长毛,通常幼年鼠较成年鼠颜色深。后足较粗大,长于33毫米。雌鼠乳头6对。

生活习性:昼夜活动型,以夜间活动为主。行动敏捷,嗅觉与触觉都很灵敏。栖息场所广泛,为家、野两栖鼠种。该鼠毛色有变,与其年龄、栖息环境有一定的关系。

小家鼠（*Mus musculus*）

别名：鼷鼠、小鼠、小耗子

形态特征：家鼠的一种，身体小，不到褐家鼠的一半大，吻部尖而长，耳朵较大，尾巴细长，全身灰黑色或灰褐色。分布范围：栖息环境非常广泛，凡是有人居住的地方，都有小家鼠的踪迹。

生活习性：人类伴生种。住房、厨房、仓库等各种建筑物、衣箱、厨柜、打谷场、荒地、草原等都是小家鼠的栖息处。最喜食各种粮食和油料种子，对塑料袋小包装、纸箱等破坏性较大。

跳鼠科 Dipodidae

矮跳鼠亚科 Cardiocraniinae

五趾心颅跳鼠（*Cardiocranius paradoxus*）

别名：小跳鼠

形态特征：体背及前肢外侧呈沙黄色或灰锈色，毛基灰色，上段沙黄，毛尖黑色；体腹面自下唇至尾基概为纯白色；颌下毛色白沾淡沙黄色；体背、体侧分界明显，在体背灰沙黄色与腹面白色中间有一锈红色带，自鼻上方向两侧经面颊直伸至尾基，耳后基部毛色较淡；触须黑白均有；尾双色，背面同背色，下面同腹部毛色。

生活习性：栖息于荒漠草原，营夜间活动。洞道简单而浅短、分支少。以植物绿色部分为食。有冬眠习性。天敌有鼬类及小鸮等。

五趾跳鼠(*Allactaga sibiricus*)

别名:跳兔、驴跳、硬跳儿

形态特征:体形较大,体长约 140 毫米,耳长与颅全长几乎相等。后肢长,约为前肢的 3~4 倍,前肢纤细,尾长为体长的 1.5 倍,尾端具毛穗,毛穗上段毛黑色,末端白色。后足 5 趾,第 1 与第 5 趾退化,其趾端不达于其他 3 趾的基部。体背毛和头部灰棕色,腹部及四肢内侧纯白色,吻部细长,顶间骨宽大,无明显峙。上门齿平滑无沟,前臼齿 1 枚,圆柱状,下门齿齿根极长。

生活习性:主要栖息于半荒漠地带及干草原,坟地、荒滩及耕地周围也可见到。夜间活动,晚 8 ~ 10 时为活动高峰期。9 月下旬进入冬眠,翌年 4 月出蛰。

三趾跳鼠亚科 Dipodinae

三趾跳鼠(*Dipus sagita*)

别名:跳兔,沙跳

形态特征:肚皮清一色的白毛,上身灰色,尾巴长,尾尖纤细、黑白相间。头圆吻钝,眼大。耳壳发达,耳前方有一排白色硬毛,成栅状但贴头前折不达眼前缘。尾长,其长约为体长的 1/3。前肢短小,具五趾,爪细长而锐利。后肢约为前肢的三倍,具三趾,各趾下被有梳状硬毛。背毛及后肢外方深沙黄色微沾黑色,耳后有一白斑。

生活习性:沙丘、荒地、农田附近的草地匀有。不集群,夜间活动,它以糜谷杂粮为食,夏季渴时饮用露水。

羽尾跳鼠(*Stylodipus telum*)

别名:跳脚鼠

形态特征:后足三趾。尾长,尾端长毛侧分,形成黑褐色的扁平状毛束。体背面从吻部直到尾基部、前后肢上部外侧均为土黄沾灰色,毛基部灰色,部分具黑色毛尖;眼周及体侧为污白色;耳后有一纯白毛区;耳基有一束污白色毛,外侧与端部毛色一致,内侧被白色短毛;尾背沙黄色,其间部分毛的尖端为黑色,尾下污白色,尾端黑褐色毛较多,形成扁平的羽状毛束。

生活习性:栖息于芨芨草滩与有盐爪爪生长的地方,也栖息于草原以及荒漠。夜间活动。冬眠。以绿色植物及种子为食。一年繁殖一次。天敌有沙狐、荒漠猫、鼬、鹗等猛禽。

兔形目 Lagomorpha

鼠兔科 Ochotonidee

达乌里鼠兔(*Ochotona daurica*)

形态特征:后肢略长于前肢。无尾。大耳,椭圆形,具明显的白色边缘。吻部上下唇白色。冬毛较长,背部和四肢外侧为沙黄褐色或黄褐色,腹毛基部灰色,尖端乳白色。在颈下与胸部中央具一沙黄色斑。夏毛较短,背部黄褐色,并杂有全黑色的细毛。额骨隆起,故头骨上方轮廓的弧度较大,顶骨前部隆起,后部扁平。

生活习性:典型的草原动物,一般栖息于沙质或半沙质的山坡。营群栖穴居生活,洞系可分为夏季洞和冬季洞。具贮草习性,7~9月份集草。昼间活动,不冬眠。

兔科 Lepordae

蒙古兔(*Lepus capensis*)

形态特征:耳甚长,有窄的黑尖,向前折超过鼻端。尾连端毛略等于后足长。全身背部为沙黄色,杂有黑色。头部颜色较深,在鼻部两侧面颊部,各有一圆形浅色毛圈,眼周围有白色窄环。耳内侧有稀疏的白毛。腹毛纯白色。臀部沙灰色。颈下及四肢外侧均为浅棕黄色。尾背面中间为黑褐色,两边白色,尾腹面为纯白色。冬毛,有白色针毛,夏毛色略深。

生活习性:栖息于平原、荒草地、山坡灌丛、丘陵平原、农田和苗圃等处。栖居地常因季节、食物的改变而变化。